21世纪职业教育规划教材

U0188567

电气部件与组件的安装与调试

胡翠娜　黄汉军　主编

上海科学技术出版社

国家一级出版社
全国百佳图书出版单位

图书在版编目(CIP)数据

电气部件与组件的安装与调试 / 胡翠娜,黄汉军主编. —上海:上海科学技术出版社,2019.2(2025.2重印)
21世纪职业教育规划教材
ISBN 978 - 7 - 5478 - 4319 - 2

Ⅰ.①电…　Ⅱ.①胡…　②黄…　Ⅲ.①电气设备-设备安装-中等专业学校-教材　②电气设备-调试方法-中等专业学校-教材　Ⅳ.①TM05

中国版本图书馆 CIP 数据核字(2018)第 301504 号

电气部件与组件的安装与调试

胡翠娜　黄汉军　主编

上海世纪出版(集团)有限公司
上海科学技术出版社　出版、发行
(上海市闵行区号景路 159 弄 A 座 9F - 10F)
邮政编码 201101　www.sstp.cn
苏州市古得堡数码印刷有限公司印刷
开本 787×1092　1/16　印张 13.5
字数 300 千字
2019 年 2 月第 1 版　2025 年 2 月第 3 次印刷
ISBN 978 - 7 - 5478 - 4319 - 2/TM·61
定价:69.00 元

内容提要

本教材围绕"电气部件与组件的安装与调试"这一学习领域,在主体部分设置了三大学习情境:在学习情境一"照明线路的装调"中主要介绍安全用电、电气安装基本知识,并完成白炽灯、插座电路和日光灯线路的安装;学习情境二"继电控制线路的装调"则选择了切割机、空气压缩机、电动伸缩门开闭控制、大功率风机这四个载体,通过完成其控制线路的装调和检修来练习操作技能和学习验证相关理论知识;学习情境三"PLC 控制系统的装调"是在前面的继电控制线路上增加了 PLC 控制系统,来实现自动开关门 PLC 控制系统的装调、水塔抽水泵 PLC 电气控制系统的装调、传送带多段速控制系统的装调三个典型工作任务。

本教材附录配有供学生课内外查询的信息页。教材中每个动手操作的工作任务都配有专门的作业集,包含所有需要学生完成的工作计划表、领料单、实训记录、评价分析、反思和巩固练习等。作业集内容在上海科学技术出版社网站(www. sstp. cn)"课件/配套资源"栏目公布,供读者参考。

本教材适合于中等职业学校和技工学校电气自动化、机电技术应用等相关专业的师生使用。

　　电气部件与组件的安装与调试是机电一体化专业学习领域课程中的核心课程。机电一体化专业学习领域课程是根据德国"机电一体化工"最新培训条例的相关要求并结合我国职业教育的现状而设计的,其响应"中国制造2025"对技术人才的新要求,以机电行业的职业能力培养为切入点,分析相关岗位包含的实际工作任务,确定本专业的典型工作任务。再以工作过程为导向,进行课程的解构与重构,将典型工作任务归纳为行动领域,然后将行动领域转换为学习领域,再根据每个学习领域开发每个章节的"情境化"课程。

　　本教材主要有以下几个特点:

　　1. 每个情境设计都来源于实际的案例,严格遵守企业的标准和要求。在编写教材过程中进行了大量的企业行业调研,与德国工商大会(大中华区)、山东莱茵科斯特公司、圣东尼上海纺织机械等多家企业联合开发 AHK 机电一体化工教学实施方案,建立学习领域课程体系。许多相关企业的专家也参与了职业能力分析、典型工作任务分析和载体的设计。

　　2. 从学生的视角来架构教材内容,以"实用"和"够用"为原则组织教学内容,真正突破传统教材的编写理念。

　　3. 自始至终关注学生的综合能力培养,把自主学习和团队合作贯穿于学习情境中,通过完整的工作任务将需要的基础知识融入实践,要求学生自主学习掌握信息收集、制定工作计划,在交流互动中获得答案,在任务实施中懂得安全、环保、社交与合作的必要性,在记录和评价中学会书写和总结。

　　4. 相比于其他同类教材,本书除了教材主体之外还配有供学生课内外查询的信息页,并且每个动手操作的工作任务都配有专门的作业集(可在出版社官网下载),包含了所有需要学生完成的工作计划表、领料单、实训记录、评价分析、反思和巩固练习等。

　　本教材由上海石化工业学校机电教学团队编写,胡翠娜、黄汉军主编。具体编写分工如下：学习情境一由胡翠娜编写；学习情境二之任务一、任务三由金花编写，任务二由李越编写，任务四由鄢熔熔编写；学习情境三之任务一由吴玲玲编写，任务二由陈姗编写，任务三由李越编写。书稿大纲、样张编写及统稿由黄汉军完成。

　　由于编者水平有限，书中可能存在错误和不当之处，敬请读者批评指正。

编者

目 录

学习情境一　照明线路的装调 ··· 1

　任务一　电气安全基本认知 ··· 2

　　活动一　认识常用电气参数 ·· 2

　　活动二　认识输配电系统 ·· 5

　　活动三　触电的预防和急救 ·· 9

　任务二　电气安装基本技能 ··· 16

　　活动一　使用常用电工工具与测量仪表 ·· 17

　　活动二　认识及选用电缆和导线 ·· 23

　任务三　家庭照明线路的安装与调试 ·· 30

　　动手操作一　线槽和导轨的安装 ·· 31

　　动手操作二　白炽灯照明、插座电路的安装与调试 ······································ 35

　　动手操作三　日光灯电路的安装与调试 ·· 43

学习情境二　继电控制线路的装调 ·· 51

　任务一　切割机控制线路的检修 ··· 52

　　活动一　认识三相交流异步电动机 ·· 52

　　活动二　认识按钮、熔断器、交流接触器 ·· 58

　　动手操作一　电动机的状态检测 ·· 63

　　动手操作二　切割机控制线路的检修 ·· 67

　任务二　空气压缩机控制线路的装调 ·· 75

　　活动一　认识接触器的自锁控制 ·· 75

　　活动二　认识开关电源、热继电器、直流接触器 ·· 77

　　动手操作　空气压缩机控制线路的装调 ·· 82

　任务三　电动伸缩门开闭控制线路的装调 ·· 88

　　活动一　分析三相异步电动机正反转工作原理 ·· 89

活动二　认识接触器的互锁控制 ⋯⋯⋯⋯⋯⋯⋯⋯⋯⋯⋯⋯ 92

动手操作一　电动伸缩门开闭控制线路的装调 ⋯⋯⋯⋯⋯⋯ 93

活动三　认识限位开关、变压器 ⋯⋯⋯⋯⋯⋯⋯⋯⋯⋯⋯⋯ 99

动手操作二　电动伸缩门开闭控制线路的装调(带限位控制) ⋯⋯ 102

任务四　大功率风机控制线路的装调 ⋯⋯⋯⋯⋯⋯⋯⋯⋯⋯⋯⋯ 108

活动一　认识时间继电器 ⋯⋯⋯⋯⋯⋯⋯⋯⋯⋯⋯⋯⋯⋯ 108

活动二　分析Y-△降压启动的工作原理 ⋯⋯⋯⋯⋯⋯⋯⋯ 111

动手操作　大功率风机控制线路的装调 ⋯⋯⋯⋯⋯⋯⋯⋯ 115

学习情境三　PLC控制系统的装调 ⋯⋯⋯⋯⋯⋯⋯⋯⋯⋯⋯⋯⋯⋯⋯ 123

任务一　自动开关门PLC控制系统的装调 ⋯⋯⋯⋯⋯⋯⋯⋯⋯⋯ 124

活动一　认识FX3U可编程控制器 ⋯⋯⋯⋯⋯⋯⋯⋯⋯⋯ 124

活动二　使用PLC编程语言和编程软件 ⋯⋯⋯⋯⋯⋯⋯⋯ 128

活动三　认识超声波传感器 ⋯⋯⋯⋯⋯⋯⋯⋯⋯⋯⋯⋯⋯ 132

动手操作一　自动开关门PLC控制系统的线路安装 ⋯⋯⋯ 134

动手操作二　自动开关门PLC控制系统的程序编写和调试 ⋯⋯ 137

任务二　水塔抽水泵PLC电气控制系统的装调 ⋯⋯⋯⋯⋯⋯⋯⋯ 142

活动一　梯形图的编程技巧 ⋯⋯⋯⋯⋯⋯⋯⋯⋯⋯⋯⋯⋯ 142

活动二　认识定时器和功能指令(置位、复位) ⋯⋯⋯⋯⋯⋯ 146

活动三　认识液位传感器 ⋯⋯⋯⋯⋯⋯⋯⋯⋯⋯⋯⋯⋯⋯ 151

动手操作一　水塔抽水泵PLC控制线路的安装 ⋯⋯⋯⋯⋯ 153

动手操作二　水塔抽水泵PLC控制系统的程序编写和调试 ⋯⋯ 155

任务三　传送带多段速控制系统的装调 ⋯⋯⋯⋯⋯⋯⋯⋯⋯⋯⋯ 158

活动一　认识电感、电容传感器 ⋯⋯⋯⋯⋯⋯⋯⋯⋯⋯⋯ 158

活动二　使用和设置变频器 ⋯⋯⋯⋯⋯⋯⋯⋯⋯⋯⋯⋯⋯ 162

动手操作一　传送带物料分拣控制系统的搭建与编程调试 ⋯⋯ 164

动手操作二　传送带多段速控制系统的搭建与编程调试 ⋯⋯⋯ 169

附录　信息页 ⋯⋯⋯⋯⋯⋯⋯⋯⋯⋯⋯⋯⋯⋯⋯⋯⋯⋯⋯⋯⋯⋯⋯⋯⋯ 173

信息页一　切割机控制线路的检修 ⋯⋯⋯⋯⋯⋯⋯⋯⋯⋯⋯⋯⋯⋯ 173

信息页二　电动伸缩门开闭控制线路 ⋯⋯⋯⋯⋯⋯⋯⋯⋯⋯⋯⋯⋯ 184

信息页三　大功率风机控制线路的装调 ⋯⋯⋯⋯⋯⋯⋯⋯⋯⋯⋯⋯ 187

信息页四　自动开关门PLC控制系统的装调 ⋯⋯⋯⋯⋯⋯⋯⋯⋯⋯ 194

信息页五　传送带多段速控制系统的装调 ⋯⋯⋯⋯⋯⋯⋯⋯⋯⋯⋯ 204

参考文献 ⋯⋯⋯⋯⋯⋯⋯⋯⋯⋯⋯⋯⋯⋯⋯⋯⋯⋯⋯⋯⋯⋯⋯⋯⋯⋯ 208

学习情境一　照明线路的装调

情境描述

　　照明线路与日常生活密切相关,作为机电技术应用专业的学生,首先要熟练掌握自己的日常生活用电,包括常用电气参数、用电安全知识,并通过在控制线路板上模拟安装与调试照明电路和插座电路来训练电气安装的基本技能(图1-1)。

图1-1　照明线路的装调

任务一　电气安全基本认知

知识目标

1. 能叙述安全用电的基本常识,建立自觉遵守电工安全操作规程的意识。
2. 能通过查询手册叙述常用电气名词,并解释其含义。
3. 会常用电气参数的计算。
4. 了解供电系统的结构与分类。
5. 了解触电危害和急救措施。
6. 掌握不同个人防护用品的使用及电气安全标志的应用。

活动一　认识常用电气参数

学前提要

1. 交流电和直流电。
2. 串联电路和并联电路。

问题导入

参考图1-2,讨论一下日常生活中常见的电气单位有哪些? 都分别应用在什么地方?

图1-2　电器设备的铭牌标志

 数据在线 1

交流电和直流电

电是日常生活中不可或缺的能源,比方说电视机、电脑、电灯等都需要电来带动。但是你知道吗? 电可以分为交流电和直流电两大类。那么交流电和直流电都有什么区别呢?

直流电是指方向不随时间而变化的电流。许多电子设备,如收音机等电器用直流电驱动。直流电源简记为DC。

交流电是指大小和方向都随时间做周期性变化的电流,通常的交流是按正弦规律或余弦规律变化的;电流先由零变到最大,再由最大变到零;然后反方向由零变到最大,再由最大变为零,完成一个周期;以后是下一个周期,如此反复变化。交流电有很多优点,除可用于一些特殊的用电器,如电动机等外,它对于电的传输,特别是远距离传输有着特别的意义。

发电厂的发电机是利用动力使发电机中的线圈运转,每转180°发电机输出电流的方向就会变换一次,因此电流的大小也会随时间做规律性的变化,此种电源就称为"交流电源"。交流电源简记为AC。

 知识考验 1

(1) 无论是交流电还是直流电,在日常生活中都有着广泛的应用,利用所学知识并查阅资料,讨论一下实训室电源插座、家里的插座、5号电池、手机电池等分别属于哪种电源,电压分别是多少。把结果记录在下表中。

名　　称	电 源 类 型	电　　压
实训室电源插座		
家里的插座		
5号电池		
手机电池		

(2) 把交流电完成一次周期性变化所需的时间叫作交流电的周期,通常用 T 表示,单位是s(秒)。交流电在1 s内完成周期性的变化的次数叫作交流电的频率,通常用 f 来表示,单位是Hz(赫兹)。周期和频率的关系是 $T=1/f$,$f=1/T$。请问我国工农业生产和生活用交流电的周期是多少? 频率是多少? 电流方向每秒改变多少次?

(3) 一般家庭用电均为单相交流电,然而电流的大规模生产和分配以及大部分工业用电则都是以三相交流电路的形式出现。在低压配电网中通常是四根线(称为三相四线,其中有一条线为中线,中线通常与大地相连,称为零线),本质上还是三根导线载负着强度相等、频率相同而相互间具有 120°相位差的交流电。所以代表这三根导线电压变化的曲线为相同频率的正弦波,位相互相错开 1/3 个周期。在实际应用中,为了更好地起到保护作用,在三相四线制基础上,另增加一根专用的保护线与接地线相连,称为保护零线,此时三相四线制的零线叫作工作零线。查阅相关资料,写出相线(俗称火线)、零线、地线分别用什么颜色表示。

（4）请查阅资料,解释什么是相电压,什么是线电压。写出它们的关系式。

 数据在线 2

串联电路的特性

（1）电流。串联电路中各处电流都相等:$I = I_1 = I_2 = I_3 = \cdots = I_n$。

（2）电压。串联电路中总电压等于各部分电路电压之和:$U = U_1 + U_2 + U_3$。

（3）电阻。串联电路中总电阻等于各部分电路电阻之和:$R = R_1 + R_2 + R_3$。

（4）分压定律。串联电路中各部分电路两端电压与其电阻成正比:$U_1 : U_2 = R_1 : R_2$;$U_1 : U_2 : U_3 : \cdots : U_n = R_1 : R_2 : R_3 : \cdots : R_n$。

并联电路的特性

（1）电流。并联电路中总电流等于各支路的电流之和:$I = I_1 + I_2 + I_3 + \cdots + I_n$。

（2）电压。并联电路中各支路两端的电压都相等:$U = U_1 = U_2 = U_3 = \cdots = U_n$。

（3）电阻。并联电路中总电阻的倒数等于各支电阻倒数之和:$1/R = 1/R_1 + 1/R_2 + 1/R_3 + \cdots + 1/R_n$。

（4）分流定律。并联电路中通过各支路的电流与其电阻成反比:$I_1 : I_2 = R_2 : R_1$。

 知识考验 2

（1）把两支分别标注着 220 V/40 W 和 220 V/100 W 的白炽灯串联起来接到 220 V 的电源上,请问此时两盏灯的总功率是多少?

（2）有两个相同的电阻 R,把它们分别串联或是并联接入同一电源中,求两种接法的总功率之比。

（3）图 1-3 的电路中端子 1 和 2 之间的总电阻 $R(\Omega)$ 为多大?

A. 3.3 Ω　　　　B. 6.0 Ω　　　　C. 11.0 Ω

D. 18.0 Ω　　　　E. 36.0 Ω

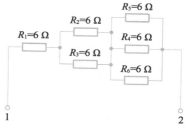

图 1-3　串并联电路图

活动二　认识输配电系统

学前提要

1. 我国电压等级分类。
2. 供电系统的结构。
3. 供电系统的分类。

问题导入

纵观社会发展史,人类经历了柴草能源时期,煤炭能源时期和石油、天然气能源时期。目前新能源、可再生能源发电在逐渐取代传统的火力发电,并且无数学者仍在不懈地为社会进步寻找开发更新、更安全的能源。请同学们观察图 1 - 4,说说还有哪些方法可以发电。

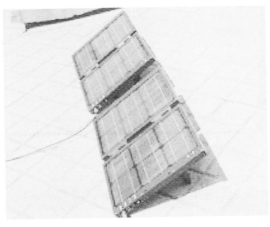

图 1 - 4　新能源发电

数据在线 1

电压等级的分类

电压等级（voltage class）是电力系统及电力设备的额定电压级别系列。额定电压是电力系统及电力设备规定的正常电压，即与电力系统及电力设备某些运行特性有关的标称电压。电力系统各点的实际运行电压允许在一定程度上偏离其额定电压，在这一允许偏离范围内，各种电力设备及电力系统本身仍然能正常运行。

电压等级一般划分如下：

（1）特低电压（通常 50 V 以下）。

（2）低压（分 220 V 和 380 V）。

（3）高压（10～220 kV）。

（4）超高压（330～750 kV）。

（5）特高压（1 000 kV 交流、±800 kV 直流以上）。

知识考验 1

请说一说图 1-5 和图 1-6 的技术参数，并记录在下表中。

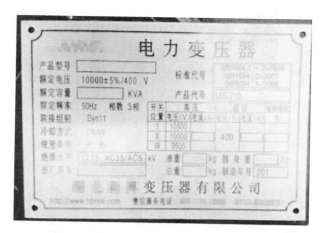

图 1-5　电力变压器的铭牌

设 备 名 称	输入电压范围(V)	工作频率(Hz)	输出电压(V)

图 1-6　高清 LED 液晶电视的铭牌

设 备 名 称	输入电压范围(V)	工作频率(Hz)	输出电压(V)

 数据在线 2

供电系统的结构

　　电力系统是由发电厂、送变电线路、供配电所和用电等环节组成的电能生产与消费系统,如图 1-7 所示。它的功能是将自然界的一次能源通过发电动力装置转化成电能,再

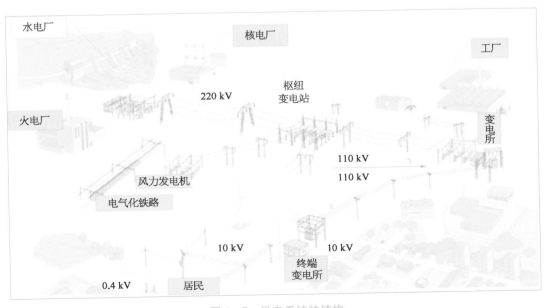

图 1-7　供电系统的结构

经输电、变电和配电将电能供应到各用户。为实现这一功能,电力系统在各个环节和不同层次还具有相应的信息与控制系统,对电能的生产过程进行测量、调节、控制、保护、通信和调度,以保证用户获得安全、优质的电能。

供电系统的分类

电力供电系统大致可分为 TN、IT、TT 三种,其中 TN 系统又分为 TN－C、TN－S、TN－C－S 三种表现形式。

在 TN 系统中,所有电气设备的外露可导电部分均接到保护线上,并与电源的接地点相连,这个接地点通常是配电系统的中性点。

TN 系统称作保护接零。当故障使电气设备金属外壳带电时,形成相线和地线短路,回路电阻小、电流大,能使熔丝迅速熔断或保护装置动作,切断电源。

1. TN－S 系统

该系统中保护线和中性线分开,系统造价略贵。除具有 TN－C 系统的优点外,由于正常时 PE 线不通过负荷电流,故与 PE 线相连的电气设备金属外壳在正常运行时不带电,所以适用于数据处理和精密电子仪器设备的供电,也可用于爆炸危险环境中。在民用建筑内部、家用电器等都有单独接地触点的插头,采用 TN－S 供电既方便又安全。

2. TN－C 系统

该系统中保护线与中性线合并为 PEN 线,具有简单、经济的优点。当发生接地短路故障时,故障电流大,可使电流保护装置动作,切断电源。

该系统对于单相负荷及三相不平衡负荷的线路,PEN 线总有电流流过,其产生的压降将会呈现在电气设备的金属外壳上,对敏感性电子设备不利。此外,PEN 线上微弱的电流在危险的环境中可能引起爆炸,所以在有爆炸危险的环境下不能使用TN－C 系统。

3. TN－C－S 系统

该系统 PEN 线自 A 点起分开为保护线(PE)和中性线(N)。分开以后 N 线应对地绝缘。为防止 PE 线与 N 线混淆,应分别给 PE 线和 PEN 线涂上黄绿相间的色标,N 线涂以浅蓝色色标。此外自分开后,PE 线不能再与 N 线再合并。

TN－C－S 系统是一个广泛采用的配电系统,无论在工矿企业还是在民用建筑中,其线路结构简单,又能保证一定安全水平。

 知识考验 2

请根据上面的描述正确判断出图 1－8 中的各个供电系统。

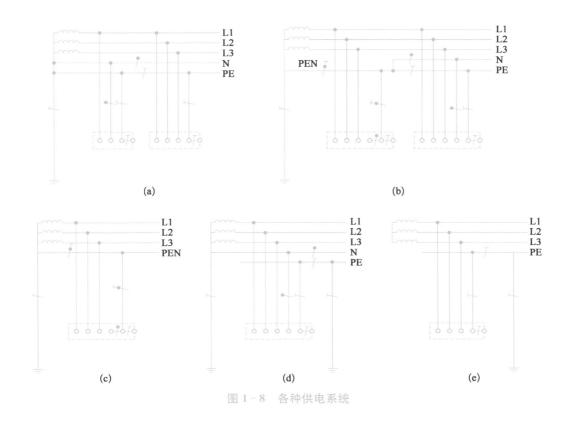

图 1 - 8　各种供电系统

活动三　触电的预防和急救

学前提要

1. 触电的种类和方式。
2. 触电的安全防护。

问题导入

目前我国每年因触电死亡的人数约 8 000 人。从历年发生的触电死亡事故来看,不懂用电知识而发生触电死亡事故的占 1/2,所以安全用电知识很重要。请讨论一下图 1-9 中的四种现象,哪些是正确的哪些是错误的。

安全用电的意识同样很重要。请讨论一下图 1-10 中存在哪些安全隐患,哪些行为是应坚决杜绝的。

(a) 绝缘皮破损　　　(b) 电线上晾衣服　　　(c) 机壳没有接地　　(d) 发现触电立即切断电源

图 1-9　触电现象

图 1-10　安全用电

 数据在线 1

触电的种类和方式

（1）按照触电事故的构成方式，可分为电击和电伤。

① 电击是指电流通过人体时，使内部组织受到较为严重的损伤。

② 电击伤会使人觉得全身发热、发麻，肌肉发生不由自主的抽搐，10 s 后失去知觉。如果电流继续通过人体，将使触电者的心脏、呼吸机能和神经系统受损，直到停止呼吸、心脏活动停顿直至死亡。

（2）按照发生电击时电气设备的状态，可分为直接接触电击和间接接触电击。

① 直接接触电击是触及设备和线路正常运行时的带电体发生的电击（如误接触端子发生的电击），也称为正常状态下的电击。

② 间接接触电击是触及正常状态时不带电，而当设备或线路故障时意外带电的导体发生的电击（如触及漏电设备的外壳发生的电击），也称为故障状态下的电击。

知识考验 1

（1）常见的触电方式有单线触电、双线触电、高压电弧触电、跨步电压触电。请问图 1-11 中的四种方式分别表示哪种？

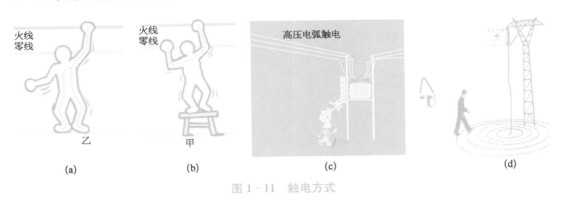

图 1-11　触电方式

（2）火灾发生时，灭火器是最常用的救火工具。常见的灭火器有干粉灭火器、二氧化碳灭火器、泡沫灭火器等。请查阅资料后回答：它们分别适用于哪些场合？是否能用于电气火灾灭火？

（3）人体也是导体。人体触及带电体时，有电流通过人体。电流对人体的危险性跟电流的大小、通电时间的长短等因素有关。通过人体的电流为 8～10 mA 时，人手就很难摆脱带电体。通过人体的电流达到 100 mA，只要很短的时间就会使人窒息、心跳停止，即发生触电事故。电流越大，从触电到死亡的时间越短。如果遇到有人触电，周围的人应该怎么做？请观察图 1-12，讨论一下图中是怎么施救的。

(e)　　　　　　　　　　　　　　　　　　(f)

图 1-12　触电施救

数据在线 2

触电的安全防护

　　我国之前规定的安全电压额定值等级为 42 V、36 V、24 V、12 V、6 V，不过现在已经被特低电压所代替，可查阅《特低电压（ELV）限值》（GB/T 3805—2008）。特低电压是指在最不利的情况下对人不会有危险的存在于两个可同时触及的可导电部分间的最高电压。交流 50 V、直流 120 V 以下都属于特低电压，当然不同的环境电压的限值也是不一样的。当电气设备采用的电压超过安全电压时，必须按规定采取防止直接接触带电体的保护措施。

　　有效防止触电事故，既要有技术措施又要有组织管理措施，归纳起来有以下几个方面：

　　（1）防止接触带电部件绝缘、屏护和安全间距是最为常见的安全措施。

　　① 绝缘。即用不导电的绝缘材料把带电体封闭起来，这是防止直接触电的基本保护措施。但要注意绝缘材料的绝缘性能与设备的电压、载流量、周围环境、运行条件相符合。

　　② 屏护。即采用遮拦、护罩、护盖、箱闸等把带电体同外界隔离开来。此种屏护用于电气设备不便于绝缘或绝缘不足以保证安全的场合，是防止人体接触带电体的重要措施。

　　③ 间距。为防止人体触及或接近带电体，防止车辆等物体碰撞或过分接近带电体，在带电体与带电体，带电体与地面，带电体与其他设备、设施之间，皆应保持一定的安全距离。间距的大小与电压高低、设备类型、安装方式等因素有关。

　　（2）防止电气设备漏电伤人，保护接地和保护接零是防止间接触电的基本技术措施。

　　① 保护接地。即将正常运行的电气设备不带电的金属部分和大地紧密连接起来。其原理是通过接地把漏电设备的对地电压限制在安全范围内，防止触电事故。保护接地适用于中性点不接地的电网中，电压高于 1 kV 的高压电网中的电气装置外壳也应采取保护接地。

　　② 保护接零。在 380/220 V 三相四线制供电系统中，把用电设备在正常情况下不带电的金属外壳与电网中的零线紧密连接起来。其原理是在设备漏电时，电流经过设备的外壳和零线形成单相短路，短路电流烧断熔丝或使自动开关跳闸，从而切断电源，消除触电危险。适用于电网中性点接地的低压系统中。

（3）设有剩余电流动作保护装置（又称为漏电保护器）（图1－13）。在低压电网中发生电气设备及线路漏电或触电时，它可以立即发出报警信号并迅速自动切断电源，从而保护人身安全。

（4）配有个人防护用品和安全标志。按要求穿戴个人防护用品是保障人身安全的最有效途径，常见的有安全帽、绝缘手套、绝缘鞋、防护眼镜、耳塞等。有些用品有保质期，需要注意定期更换。

根据《安全标志及其使用导则》（GB 2894—2008）规定，安全标志是由安全色、几何图形和图形符号构成，用以表达特定的安全信息，如图1－14所示。安全标志分为禁止标志、警告标志、指令标志、指示标志四类。

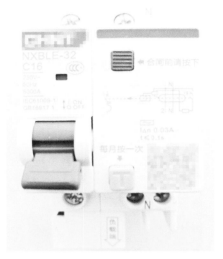

图1－13　剩余电流动作保护装置

(a)

(b)

(c)

图1－14　安全标志

知识考验2

（1）查阅资料，说明哪些电压对人身是安全的，哪些电压是危险的。我国规定的安全电压等级有哪些？讨论一下，人接触到安全电压就一定安全吗？为什么？

（2）仔细观察图1－15中的几幅图片，看看分别采用的是哪种绝缘措施。

(a)

(b)

(c)

图1－15　绝缘措施

巩固练习

1. 请对下表进行电压应用场合的分析(将选择代码填入应用方案中,可多选)。

应 用 场 合	应 用 方 案	电 压 等 级	设 备 名 称
电力输送枢纽		① DC 1.5 V	A. 电力变压器
变电站		② DC 9 V	B. 开关电源
配电所		③ DC 24 V	C. 三相交流电动机
电子电路电源		④ AC 110 V	D. 控制变压器
测量仪表		⑤ AC 220 V	E. 万用表
设备控制电路		⑥ AC 380 V	F. 风扇
设备驱动装置		⑦ AC 10 kV	G. 高压汞灯
家用电器		⑧ AC 35 kV	H. 遥控器
工厂照明		⑨ AC 110 kV	I. 可编程控制器(PLC)

2. 企业设计厂房照明系统如图 1-16 所示,需要分成 4 列,每列 5 盏灯。请计算电流的支路数与总电流(节能灯电气参数: AC220 V,100 W)。如果实际应用,需要考虑哪些因素?

3. 企业中因烘干需要引进大型烘干炉,用于产品脱水处理。设计参数:电源电压 AC380 V,设计功率 55 kW(保证供电系统三相平衡)。现采用额定电压 220 V、

图 1-16　照明系统图

额定功率 3 kW 的电加热管,请给出设计方案。为了保证用电安全,在给电加热管供电的三相电路中需要加陶瓷熔断体,请选择合适的陶瓷熔断体,并填写在下表中。

需用加热管数量	连接方式	单相负载电流(A)	陶瓷熔断体规格(A)

4. 请说出图 1-17 中用电器的技术参数,并填写在下表中。

设 备 名 称	输入电压范围(V)	工作频率(Hz)	输出功率(kW)

图 1 - 17 电动机技术参数

5. 请把下图的输配电系统流程的空缺补充完整。

6. 讨论为何电力传输要有一个升压降压的过程,直接电压传输不可以吗? 为什么?

7. 请判断图 1-18 的触电接触方式。

(a)　　　　　　　　　　　　　(b)

图 1 - 18 触电接触方式

8. 请将下表中发生触电事故之后采取的急救步骤与工作内容以正确的顺序进行排列配对。

发生触电事故采取的措施	救护顺序	工作内容
① 检查身体机能,采取急救措施		A. 观察触电者状态及身体姿势
② 确保自我安全和自我保护		B. 判断断电方案,选用正确的方案与工具
③ 将触电者从危险区救出来		C. 自身穿戴绝缘鞋或绝缘手套
④ 切断电源或拔下插头		D. 使用正确方案将触电者移动到宽敞地带
⑤ 判断触电者是否还连在电源上		E. 判断触电者身体状态,进行急救,拨打120急救电话

9. 请列举安全标志牌的应用场合与作用描述进行匹配,完成下表。

应用场合	标志牌使用	作用描述
① 高压电塔		A. 配电重地,闲人莫入
② 箱式变电站		B. 禁止合闸,有人工作
③ 配电室		C. 止步,高压危险
④ 变电所		D. 有电危险,请勿靠近
⑤ 维修工作中		E. 当心触电
⑥ 变压器室		F. 注意安全
⑦ 配电柜		G. 禁止攀登,高压危险
⑧ 运转电		H. 设备运行中

任务二　电气安装基本技能

技能目标

1. 能正确使用电工工具和测量仪表。

2. 能按照尺寸精确测量、切割、安装线槽和导轨。

3. 能够根据参数进行电缆和导线的选型设计。

4. 作业完毕后能按照电工作业规程清点、整理工具,收集剩余材料,清理工程垃圾,拆除防护措施。

知识目标

1. 认识常用电工工具,熟知它们的使用方法和注意事项。
2. 掌握电缆和导线的颜色含义和种类。
3. 会计算不同线径电缆的载流量大小。

活动一 使用常用电工工具与测量仪表

学前提要

1. 常用电工工具的使用。
2. 测量仪表的使用。

问题导入

电工工具在日常生活中也是家庭必备的物品,参考图1-19请说说日常生活中见过或者用过哪些工具和仪表。

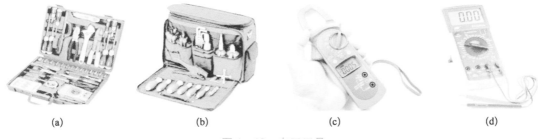

  (a)   (b)   (c)   (d)

图1-19 电工工具

数据在线 1

电工常用工具的使用

电工常用工具是指一般专业电工都要使用的常备工具。常用工具有验电器、旋具、钢丝钳、尖嘴钳、断线钳、剥线钳、电工刀、活络扳手等。作为一名电工,必须掌握电工常用工具的使用方法。

1. 电工工具箱

使用注意事项:

（1）电工工具箱中的工具应该分类、整齐摆放。

（2）如在高空作业时，须防止电工工具箱内的工具坠落。

2．低压验电器（图1-20）

作用：测试检验物件是否带电。

种类：分高压和低压，有钢笔式、螺钉旋具式、电子式。

使用注意事项：使用时必须将手触及顶部的金属部分，当用验电器测试带电体时，电流经带电体、验电器、人体、大地形成回路，只要带电体与大地之间的电位差超过60 V，验电器中的氖管就会发光。低压验电器的电压范围在60～500 V。

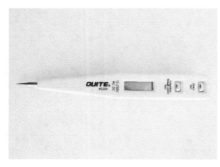

图1-20 低压验电器

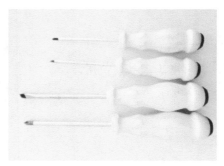

图1-21 螺钉旋具

3．旋具（图1-21）

它用来紧固或拆卸螺钉，一般分为一字形和十字形两种。一字形螺钉旋具的型号表示为"刀头宽度×刀杆长度"，如3 mm×75 mm。

使用注意事项：

（1）带电作业时，手不可触及螺钉旋具的金属杆，以免发生触电事故。

（2）应根据螺钉的槽宽和槽型来选择合适的螺钉旋具。不能用较小的螺钉旋具去旋拧较大的螺钉。

（3）不可用来作为撬棍和榔头使用。

4．电工刀

它可以用来剖削电线绝缘层或者钻削木板。

使用注意事项：

（1）刀口朝外，不要对着自己或别人。

（2）不用时要将刀身折进刀柄内。

（3）不要传递未折进刀柄的电工刀。

5．钳类工具

（1）钢丝钳（图1-22）。其是一种夹持或折断金属薄片，切断金属丝的工具。

（2）尖嘴钳（图1-23）。头部"尖细"，用法与钢丝钳相似，其特点是适用于在狭小的工作空间操作，能夹持较

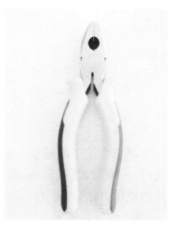

图1-22 钢丝钳

小的螺钉、垫圈、导线及电器元件。在安装控制线路时，尖嘴钳能将单股导线弯成接线端子（线鼻子）。有刀口的尖嘴钳还可剪断导线、剥削绝缘层。一般用总长度来表示型号。

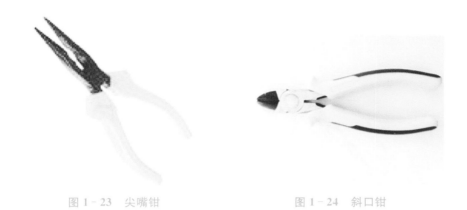

图 1-23　尖嘴钳　　　　　　　　　　图 1-24　斜口钳

（3）斜口钳（图 1-24）。其专供剪断较粗的金属丝、线材及导线、电缆等，柄部有铁柄、管柄、绝缘柄之分，绝缘柄耐压为 1 000 V。

（4）剥线钳（图 1-25）。其是用来剥落小直径导线绝缘层的专用工具。它的钳口部分设有几个刃口，用以剥落不同线径的导线绝缘层。

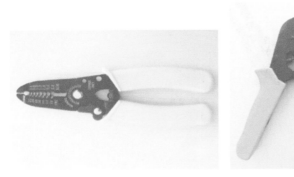

图 1-25　剥线钳　　　　　　　　　　图 1-26　压线钳

（5）压线钳（图 1-26）。其能压各种冷压端子。

（6）扳手。其是用于紧固和松动螺母的一种专用工具，常用的有活络扳手、呆扳手、梅花扳手、套筒扳手、内六角扳手等。

 知识考验 1

（1）请查阅资料，填写下表中各工具的名称和用途。

工 具 图 片	名　称	用　途

（续表）

工 具 图 片	名 称	用 途

（2）图 1 - 27 中验电笔的使用方法哪种是正确的?

(a)   (b)   (c)   (d)

图 1 - 27　验电笔的使用方法

 数据在线 2

测量仪表的使用

1. 万用表

万用表是一种多功能、多量程的测量仪表,电子电工技术中时刻离不开它。一般万用表可测量直流电流、直流电压、交流电流、交流电压、电阻和音频电平等,有的还可以测电容量、电感量及半导体的一些参数(如 β)等。若按显示方式简单区分,万用表可分为指针万用表和数字万用表,如图 1 - 28 所示。

使用注意事项:

（1）测量种类、测量范围的选择要慎重,每一次拿起表棒准备测量时,都要复查一下转换开关的位置是否恰当。

（2）将红色表棒和黑色表棒分别与"＋"端和"—"端连接。这样在测量时,通过色标可使红色表棒总与被测对象的正极、高电位接触,避免指针反指。

图 1 - 28　万用表

（3）应使万用表的指针指示在 1/2～2/3 标度尺上,否则应改变测量量程,使被测量有一最准确的读数。

（4）测量电阻时应注意以下几点：

① 每次测量前必须调零，换欧姆挡后也要调零。

② 被测电阻不能带电，若电路有电容器，应先将电容器放电。

③ 测大电阻时，不能用手接触导电部分，否则会给测量结果带来严重误差。

（5）万用表的电流是从"－"端流出的，即"－"端为内附电池的正极，"＋"端为内附电池的负极。

（6）测晶体管电阻时应将测量量程放在 $R \times 100$ 或 $R \times 1$ k 挡。若用 $R \times 1$ 或 $R \times 10$ 挡测量可能会烧坏晶体管；若用 $R \times 10$ k 挡测量，则有可能会击穿晶体管。

（7）测量间歇时，应防止两根表棒短路，浪费电池能量。

（8）用完表后，将两开关设在断开挡或 V500（交流）挡上。

2. 其他测量仪表

（1）钳形电流表（图 1-29）。通常用普通电流表测量电流时，需要将电路切断停机后才能将电流表接入进行测量，这是很麻烦的，有时正常运行的电动机不允许这样做。此时使用钳形电流表就方便多了，可以在不切断电路的情况下来测量电流。

钳形表不能测量裸导线电流，以防触电和短路。检测电流时，一定要夹入一根被测电线，不能夹入两根电线。

图 1-29　钳形电流表

图 1-30　兆欧表

（2）兆欧表（图 1-30）。兆欧表大多采用手摇发电机供电，故又称摇表。它的刻度是以兆欧（MΩ）为单位的。它是电工常用的一种测量仪表，主要用来检查电气设备、家用电器或电气线路对地及相间的绝缘电阻，以保证这些设备、电器和线路工作在正常状态，避免发生触电伤亡及设备损坏等事故。

知识考验 2

用万用表检测实验室的电源，并填写下表。

图　　片	引脚接线示意图	电　压
	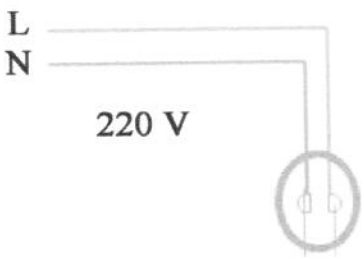 L N 220 V	$U＝220\ V$

活动二　认识及选用电缆和导线

学前提要

1. 电缆的组成。
2. 电缆和导线的颜色与截面积。
3. 电缆和导线的载流量。
4. 电缆和导线型号的选用。

问题导入

　　电缆和导线是电气作业中最常见的器材,电缆的布线与导线的连接是电工的基本技能之一。请同学们讨论一下,图 1 - 31 给你的感受是什么？请列举在生活中你见过哪些导线,分别用在什么场合。

图 1 - 31　电缆和导线

 数据在线 1

在电路中,通常绝缘导线由一根或几根柔软的导线组成,外面包以聚氯乙烯、氯丁橡套等绝缘层,截面积较小。电缆是由一根或几根绝缘导线组成,外面再包以金属或橡皮制的坚韧外层,截面积较大,如图 1 - 32 所示。导线种类很多,合理地选择配电导线不但可以节省成本,而且保证供电的质量与安全。导线用来传送电能,但是当通过的电流超过导线允许范围,导线就会发热,甚至是将绝缘层烧毁,导线线芯熔化烧断,继而可能引起火灾。导线截面积越大,通风散热越好,能承载的电流流量就越大,可是相应的成本也随之增加。合理选择导线要考虑其敷设方式、导线截面两个方面。

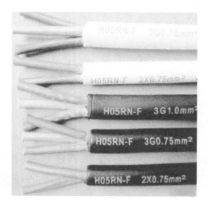

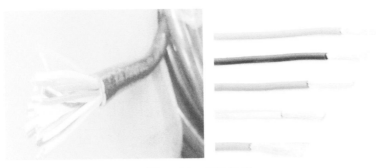

图 1 - 32　绝缘导线

电 缆 的 组 成

电线电缆一般由导体、绝缘层、保护层三部分组成,有的电缆还有屏蔽层,如图1-33所示。

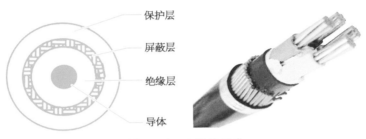

保护层

屏蔽层

绝缘层

导体

图 1 - 33　电缆的组成

电缆和导线的颜色与截面积

1. 颜色

电缆和导线的绝缘外皮有各种各样的颜色,这些颜色并不是随便使用,无论是国际标准还是国家标准都有严格规定。在四芯线或者五芯线中,如果颜色是黄、绿、红、蓝、黄、绿相间时,那么分别代表三相电源的 A 相、B 相、C 相、零线 N 和接地线。在其余的线中,棕色(红色)用于单相电中的火线或直流电中的正极;蓝色(灰色)用于单相电中的零线或直流电中的负极;黑色用于信号线或装置和设备内部布线。

2. 导线的截面积

可以通过导线线芯的直径来计算,通常用千分尺测量导线直径。已知导线直径即可换算出导线线芯的截面积,截面积的计算公式为

单股导线:
$$S = 0.785d^2$$

多股导线:
$$S = 0.785nd^2$$

式中　S——导线线芯的截面积(mm^2);

　　　d——导线线芯的直径(mm);

　　　n——导线线芯的股数。

知识考验 1

请判断一下每根导线的线性，写在下图对应的位置中。

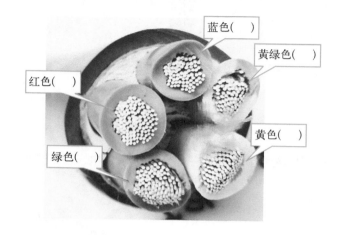

蓝色（　　）

黄绿色（　　）

红色（　　）

黄色（　　）

绿色（　　）

数据在线 2

电缆和导线的载流量

　　电缆和导线的载流量指的是电缆和导线能够承载而不致使其温度超过规定值的最大电流值，见表1-1。

表1-1　电缆和导线的载流量（环境温度为30℃、PVC绝缘、耐热70℃铜电缆的负载能力）

导体截面积（mm²）	敷 设 方 式							
	A		B		C		D	
	载流能力（A）							
	两芯	三芯	两芯	三芯	两芯	三芯	两芯	三芯
1.0	11	10.5	13.5	12	15	13.5	17.5	14.5
1.5	14.5	13	17.5	15.5	19.5	17.5	22	18
2.5	19.5	18	24	21	26	24	29	24
4	26	24	32	28	35	32	38	31
6	34	31	41	36	46	41	47	39
10	46	42	57	50	63	57	63	52
16	61	56	76	68	85	76	81	67
25	80	73	101	89	112	96	104	86

（续表）

导体截面积（mm²）	敷设方式							
	A		B		C		D	
	载流能力（A）							
	两芯	三芯	两芯	三芯	两芯	三芯	两芯	三芯
35	99	89	125	111	138	119	125	103
50	119	108	151	134	168	144	148	122
70	151	136	192	171	213	184	183	151
95	182	164	232	207	258	223	216	179
120	210	188	269	239	299	259	246	203
150	240	216			344	294	278	230
185	273	248			392	341	312	257
240	320	286			461	403	360	297

注：敷设方式 A 为多芯电缆直敷在绝缘墙内，绝缘导线穿管敷设在封闭的地沟内，多芯电缆穿管敷设在绝缘墙内；敷设方式 B 为绝缘导线管敷设在墙上槽盒内，绝缘导线穿管敷设在通风的楼板或地沟内，绝缘导线穿管敷设在砖石墙内；敷设方式 C 为绝缘导线敷设在墙、楼板或天花板上，多芯电缆直敷在砖石内，绝缘导线敷设在开启或通风的地沟内，多芯电缆敷设在槽盒内或穿管敷设在空气中；敷设方式 D 为单芯电缆敷设在地中导管内，单芯或多芯电缆直埋在地中。

导线型号的选择

1. 铝线和铜线

电缆从材质上常用的有铜芯和铝芯两种。铝芯导线的电阻比铜芯大、强度低，但质轻价廉，不过载流量要小、机械强度较差、热膨胀系数较大，电线接头处容易接触不良，所以在低压系统中铝线应用较少，一般都是用铜芯线。

2. 软芯和硬芯

硬线多用于埋墙、埋地、室外等永久性场所；软线多用于家电、设备的电源连接线以及电器内部电路板、元件之间的连接。

3. 单股和多股

导线有单股和多股两种。多股线是由几根线绞在一起，构成一根导线。单股铜芯线常见的最大截面积为 6 mm²。

由于绝缘材料的不同，导线的种类和型号很多，一般建筑室内照明常用导线的型号、规格及用途见表 1-2。

表 1-2 常用导线的型号

型 号	名 称	主 要 用 途
BXF	铜芯氯丁橡皮线	固定敷设，尤其适用于户外
BLXF	铝芯氯丁橡皮线	

（续表）

型　号	名　称	主要用途
BX	铜芯橡皮线	固定敷设
BLX	铝芯橡皮线	
BXR	铜芯橡皮软线	室内安装
BV	铜芯塑料硬线	用于交流（500 V）、直流（1 000 V）的电器设备及电气线路，明敷、暗敷护套线可以直接埋地
BLV	铝芯塑料线	
BVR	铜芯塑料软线（硬度大于RV）	
BVV	铜芯塑料护套线	
DVR	铜芯塑料软线	
RV	铜芯塑料软线	供交流250 V及以下各种移动电器接线
RVB	铜芯塑料平型软线	
RVS	铜芯塑料纹型软线	
RVV	铜芯塑料护套软线	

 知识考验 2

（1）观察实验室导线上或者导线外包装上有哪些标注，记录下来，并解释其含义。

（2）某一交流电压为 220 V 的线路，采用明装护套线敷线，在该线路上装有 1 000 W 碘钨灯两盏、500 W 碘钨灯两盏。问当这些灯全亮时，线路中电流为多少？应选用哪一种规格的导线和熔丝最为适合？数据可查询表 1－3、表 1－4。

表 1－3　常用铜芯导线的规格和安全载流量

线芯截面积（mm²）	线规（根数/线芯直径）	明敷安全载流量（绝缘层为塑料）	护套线安全载流量（绝缘层为塑料）	钢管安装安全载流量（绝缘层为塑料）
1.0	1/1.13	17	13	12
1.5	1/1.37	21	17	17
2.5	1/1.76	28	23	23
4.0	1/2.24	35	30	30

注：常用的型号有 BV 聚氯乙烯绝缘导线。

表 1－4　常用熔丝的规格及额定电流（铅 75%，锡 25%）

直径（mm）	熔断电流（A）	额定电流（A）	220 V 线路中用电器最高功率（W）
0.52	4	3	400
0.71	6	3	600

（续表）

直径（mm）	熔断电流（A）	额定电流（A）	220 V线路中用电器最高功率（W）
0.98	10	5	1 000
1.25	15	7.5	1 500
1.67	22	11	2 200
1.98	30	15	3 000
2.40	40	20	4 000

 巩固练习

1. 请进行电缆的应用场合分析，完成下表。

应　用　场　合		种　　类
① 配电室通电母排		A. 电力电缆
② 大功率电动机电源		B. 电气装备用电缆
③ 控制信号		C. 裸导体

2. 请查找工具书写出下列电缆的名称。

JKV：_____　　　YJV：_____　　　NH－VV：_____

3. 请准确判断图1－34中常用电缆的名称。

（a）　　　　　　　　（b）　　　　　　　　（c）　　　　　　　　（d）

图1－34　电缆的名称

4. 请在下表中填上用于拆卸相应螺栓的合适的工具（可多选）。

5. 请进行测量仪表的实际操作,并填写下表。

测 量 内 容	选用仪表	使用挡位	测量点(测量方法)	测量值
配电箱电源电压				
墙壁插座电压				
照明回路电流				
正常状态下两根电线之间的阻值				
短路状态下两根电线之间的阻值				

任务三 家庭照明线路的安装与调试

技能目标

1. 能正确使用电工工具。

2. 能根据工艺要求正确选择合适的导线、开关、照明灯具等,包括型号、材质和尺寸。

3. 能根据工艺要求切割、安装线槽和导轨。

4. 能按照电气照明图正确安装照明灯具、开关、插座等电器元件。

5. 会使用万用表等仪器仪表检测线路通断,会排除照明线路的常见故障。

6. 作业完毕后能按照电工作业规程清点、整理工具,收集剩余材料,清理工程垃圾,拆除防护措施。

知识目标

1. 能叙述安全用电的基本常识,建立自觉遵守电工安全操作规程的意识。

2. 能看懂电气照明图、照明系统图,并掌握其图形符号、文字符号和标注代号。

3. 掌握照明电路的调试检修方法。

4. 熟知照明电器中的接地、接零知识。

动手操作一 线槽和导轨的安装

做前提要

1. 线槽与导轨的测量与切割。
2. 线槽与导轨的布局与安装。

任务描述

在工厂、企业中,控制设备的元器件通常都集中于电气控制柜中(图1-35),便于检修,不危及人身及周围设备的安全。而做电气控制柜的第一步就是要搭建合适的线槽与导轨,如同盖房子先要砌砖造墙一样。下面请同学们按照下文叙述的工艺标准和实施步骤,在网孔板上完成线槽和导轨的安装,为后续安装电气元件和线路搭接做好准备。

图1-35 电气控制柜

工艺卡片

(1)线槽规格一般用高(mm)×宽(mm)表示,如图1-36所示。

(2)线槽切割要求为切割面必须平滑、无毛刺、无扭曲变形,如图1-37所示。

(3)线槽结合程度。线槽的接口应平整,接缝处应紧密平直。槽盖装上后应平整、无翘角。

图1-36 线槽规格

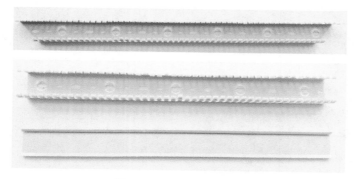

图 1 - 37　切割后的线槽 图 1 - 38　导轨

（4）导轨倒角打磨，无毛刺（图 1 - 38）。

 任务实施

测量网孔板尺寸

（1）测量工位上的网孔板的整体尺寸，写在下左图中。

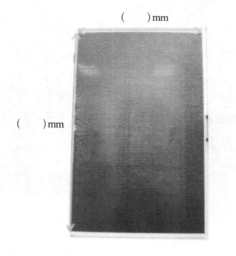

（　　）mm

（　　）mm

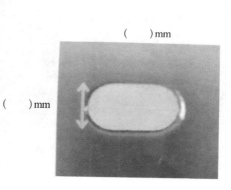

（　　）mm

（　　）mm

（2）测量工位上的网孔板上一孔眼的尺寸，写在上右图中。

线　槽　切　割

（1）练习切割长 555 mm 的线槽（包括线槽盖）2 根，完成下表。

线　槽　长　度	实　际　长　度
555 mm	
555 mm	

(2) 练习切割长 635 mm、650 mm 的线槽（包括线槽盖）各 2 根（线槽两端为 45°斜边），完成下表。

线 槽 长 度	实 际 长 度	结 合 程 度
650 mm		
650 mm		
635 mm		
635 mm		

测量电气导轨孔距

请用测量尺测量图 1 – 39 中的导轨孔距后，将数据填写在右图中。

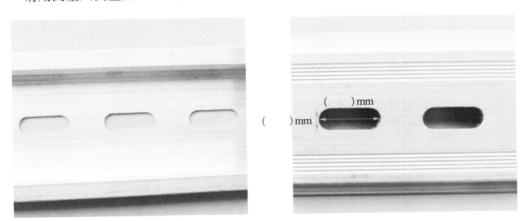

图 1 – 39　导轨孔距

电气导轨切割

(1) 练习切割长 500 mm 的导轨 2 根、300 mm 的导轨 1 根，记录在下表中。

电气导轨长度	实 际 长 度
500 mm	
500 mm	
300 mm	

(2) 对导轨做倒角。

(3) 固定线槽、导轨时，固定螺钉间的间距小于 800 mm。

线槽与导轨的布局与安装

(1) 按照图 1 – 40 进行线槽与导轨布局。

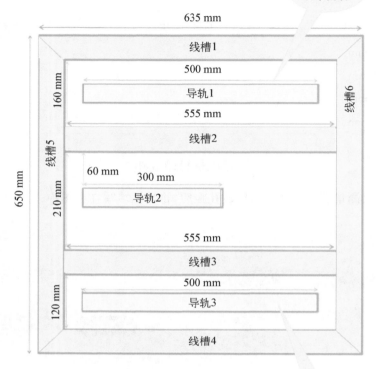

图 1 - 40　线槽与导轨布局图

（三条导轨的左端要对齐,在一条直线上）

（2）项目检查,填写下表。

序号	检 查 项 目	是否准确合理（自评）	是否准确合理（教师）	备　注
1	线槽长度	是 ○　　否 ○	是 ○　　否 ○	
2	导轨长度	是 ○　　否 ○	是 ○　　否 ○	
3	外围线槽两端 45° 斜角	是 ○　　否 ○	是 ○　　否 ○	
4	线槽、导轨切割面处理	是 ○　　否 ○	是 ○　　否 ○	
5	实际布局轮廓	是 ○　　否 ○	是 ○　　否 ○	
6	外围线槽拼接程度	是 ○　　否 ○	是 ○　　否 ○	
7	导轨安装位置	是 ○　　否 ○	是 ○　　否 ○	
8	线槽、导轨固定程度	是 ○　　否 ○	是 ○　　否 ○	

动手操作二　白炽灯照明、插座电路的安装与调试

做前提要

1. 认识照明电路基本元件。
2. 认识插座电路基本元件。
3. 元件安装及线路敷设工艺。

任务描述

照明电路的控制方法最常见的就是一个开关控制一盏灯,但是在日常生活和生产中,为了操作便利,需要在两个地方共同控制这盏灯,也叫异地控制,如图1-41所示。这就需要用到两个双控开关来实现。下面请同学们设计一个楼梯的照明电路(带插座),在已安装好的线槽导轨上配置合适的电气元件,并完成线路搭接和功能调试,实现在两地控制同一盏白炽灯。

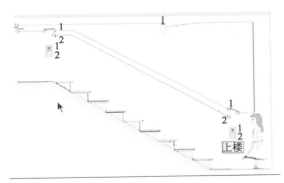

图1-41　楼梯照明

工作资料 1

认识照明电路基本元件

照明电路主要由电源开关、控制开关、灯具、光源(灯管)组成。在这里选用白炽灯来作为楼梯照明的灯具。

1. **电源开关**

在照明电路中,多用空气开关作为电源开关。空气开关又名空气断路器(图1-42),是断路器的一种,是一种只要电路中电流超过额定电流就会自动断开的

开关。空气开关是低压配电网络和电力拖动系统中非常重要的一种电器,它集控制和多种保护功能于一身。除能完成接触和分断电路外,尚能对电路或电气设备发生的短路、严重过载及欠电压等进行保护,同时也可以用于不频繁地启动电动机。

开关的脱扣机构是一套连杆装置。当主触点通过操作机构闭合后,就被锁钩锁在合闸的位置。如果电路中发生故障,则有关的脱扣器将产生作用使脱扣机构中的锁钩脱开,于是主触点在释放弹簧的作用下迅速分断。按照保护作用的不同,脱扣器可以分为过电流脱扣器及失压脱扣器等类型。

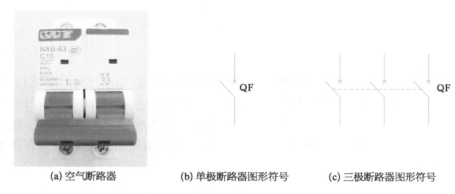

(a) 空气断路器　　　　(b) 单极断路器图形符号　　　(c) 三极断路器图形符号

图1-42　空气断路器及其图形符号

2. 控制开关

照明电路中常用的有墙壁开关(最常见为86型)、拉线开关、声控开关等(图1-43)。在本工作任务中选用的是墙壁开关。

(a) 墙壁开关　　　　　　(b) 拉线开关　　　　　　　(c) 声控开关

图1-43　控制开关

它可分为单控开关、双控开关、双路双控开关。单控开关只有一对触点,而双控开关指的是一个开关同时有常开、常闭两对触点,如图1-44所示。需要注意的是各种开关应该接在火线(相线)上,不要接在零线上。

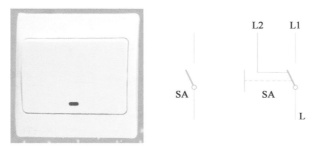

图 1-44 单控开关和双控开关的图形符号

 知识考验 1

（1）插座接线为什么"左零右火"？如果三根线接错会有什么后果？

（2）请将图 1-45 中的空气断路器的技术参数填入下表中。

图 1-45 空气断路器

脱扣类型	
额定电流	
额定电压及类型	
额定频率	
额定分断能力	
极数	

 工作资料 2

认识插座电路基本元件

插座电路要与照明电路分开，为了保证安全，必须使用剩余电流动作保护器来控制其通断。

1. 剩余电流动作保护器（RCD）

在上文触电的预防和急救中就提到过剩余电流动作保护器，主要是用来在设备发生漏电故障时以及对有致命危险时的人身触电保护，同时还具有过载和短路保护功能。它的外观结构如图 1-46 所示。RCD 接好线通电之后，按试验按钮，若 RCD 跳闸断开，说明 RCD 脱扣机构可正常工作；若不动作，说明此 RCD 存在问题。试验按钮一般要求一月按一次。额定剩余动作电流是指该 RCD 的剩余电流规定值，达到该值时，RCD 在规定条件下动作。一般常见的有 10 mA 与 30 mA。

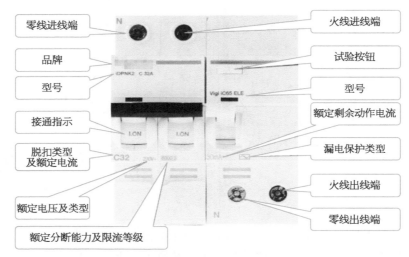

零线进线端	火线进线端
品牌	试验按钮
型号	型号
接通指示	额定剩余动作电流
脱扣类型及额定电流	漏电保护类型
额定电压及类型	火线出线端
额定分断能力及限流等级	零线出线端

图 1-46　剩余电流动作保护器

2. 插座

一般插座要与插座盒配套使用,固定在墙壁上,如图 1-47 所示。中国目前常见的面板开关插座按外形尺寸可以分为三种：86 型、120 型、118 型。此三种都有相应的国家标准。86 型开关插座正面一般为 86 mm×86 mm 的正方形(个别产品因外观设计,大小稍有变化)。在 86 型基础上,又派生了 146 型(146 mm×86 mm)和多位联体安装的开关插座。目前国家规范市场,强调了儿童保护门的设置以及 3C 强制认证。

图 1-47　插座及插座盒

插座的符号用 XS 表示,其图形符号如图 1-48 所示。

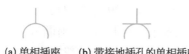

(a) 单相插座　　(b) 带接地插孔的单相插座

图 1-48　插座的图形符号

插座的接线方式按照安全要求,面板那一侧的左边插孔接零线,右边插孔接火线,三孔插座中间孔接地线,即左零右火中间地。一般在接线那一侧都会有接线标示,不要接错,否则可能会发生安全事故,如

图1-49所示。

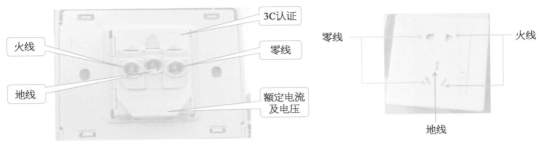

图 1-49 插座的接线方式

 知识考验 2

如果剩余电流保护器的零线和火线接反会有什么后果？

 工艺卡片

元器件安装注意事项

（1）电器元件质量应良好，型号、规格应符合设计要求，外观应完好，附件应齐全，排列应整齐，固定应牢固，密封应良好。

（2）同类型元器件要尽量布放在一起，左右、上下要排列整齐。

（3）不同元器件间布放要留有一定的间隔，以减少其相互间干扰，同时也是对各元器件单元的划分。

（4）电器单独拆、装、更换不应影响其他电器及导线束的固定。

（5）接线端子排一般排放在控制柜或控制台的最下方，如有接地铜条则接地铜条安装在最下方。

端子排的使用

（1）在布线时，不宜出现导线接头，因为如果穿线管或者线槽内出现导线接头，如果导线接头出现故障，则很难查找导线接头的位置。

（2）在控制柜、盘内，导线需要连接时，需要用到接线端子，若干个接线端子安装在一起，就组成了端子排，为了查找方便，端子排一定要编号。

（3）端子安装时一定要按一个顺序安装，如果相邻两个端子安装顺序不一样，会导致短路等故障发生。

（4）端子在电路图中一般用"XT"或"X"来表示，画法是"○"，如图 1-50 所示。

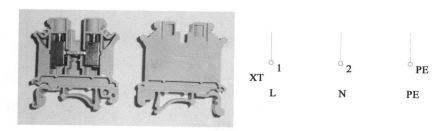

图 1-50 端子及其图形符号

线路的连接

（1）按有效图纸施工，接线应正确。

（2）导线与电气元件间应采用螺栓连接、插接、焊接或压接等，且均应牢固可靠。

（3）导线不宜有接头，线芯应无损伤。

（4）导线端部应做好线号标注，标注应正确，字迹应清晰。

（5）每个接线端的接线宜为一根，不得超过两根；对于插接式接线端，不同截面的两根导线不得接在同一接线端中；螺栓连接端接两根导线时，中间应加平垫片。

（6）多股导线与端子、设备连接应压终端附件。

（7）电器元件接线端接线时，同样不能外露导体，也不能压到绝缘层上，用合适的冷压端子，一般不会压到绝缘层上，但要注意不要外露金属端，如图 1-51 所示。

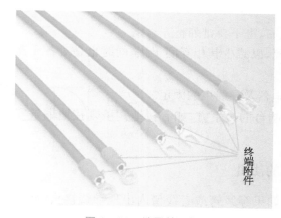

图 1-51 端子的压接

图 1-52 A/B 头标注

A/B 头标注方法

A 头标志为 B 头的电器元件及其输入/输出点号，B 头标志为 A 头的电器元件及其输入/输出点号。线号标注时要注意保持在一个控制柜中所有套管文字方向的一致性，这样既方便检查也很规整，如图 1-52 所示。

识读电路图

在实际应用中,用实物描述电路虽然很形象,但往往并不方便,通常用电路图来表示电路。在电路图中,各种电气元件都不需要画出原有的形状,而是采用统一规定的图形符号来表示,见表1-5。

表1-5 常用电工电路图形符号

名 称	图形符号	文字符号	名 称	图形符号	文字符号	名 称	图形符号	文字符号
电池	—⊢—	E	电阻器	—▭—	R	电容器	—⊣⊢—	C
电流表	Ⓐ	PA	可调电阻器		R	可变电容器		C
电压表	Ⓥ	PV	电位器		RP	空心线圈		L
熔断器	—▭—	FU	开关		S	铁心线圈		L
导线 连接 不连接			电灯	⊗	EL	接机壳、接地		GND

知识考验3

(1) 请讨论一下,剩余电流保护器和空气开关有什么不同?
(2) 请画出家中的照明电路。

任务实施

(1) 安装前定位。确定各电气元件及电源进线的位置,可参考图1-53白炽灯照明、插座电路布局图,安装尺寸可根据实际情况确定。

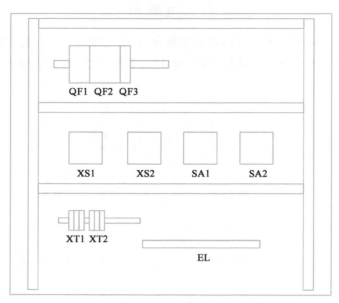

图 1-53 白炽灯照明、插座电路布局图

（2）安装电气元件。

（3）导线连接。请根据白炽灯照明、插座电路原理图（图 1-54）完成导线连接。

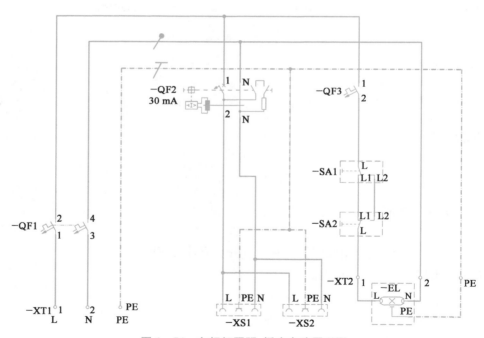

图 1-54 白炽灯照明、插座电路原理图

（4）外观工艺检查，并填写下表。

序号	外观和安装工艺检测	检测结果
1	线槽是否合格(① 无不平整、翘边等缺陷;② 内部无杂物、无毛刺和其他可损伤导线绝缘层的缺陷;③ 间隙不大于 2 mm;④ 横竖方向均平行于对应的网孔板边缘)	是( )否( )
2	安装导轨及各元器件是否安装整齐、牢固(螺钉均已紧固至用手无法拧开)	是( )否( )
3	各螺钉是否上下均有垫片	是( )否( )
4	导线走线是否整齐平直,绝缘层是否无损伤	是( )否( )
5	所选用导线颜色是否准确(红 L、蓝 N、黄绿 PE)	是( )否( )
6	各导线接头是否均压有相应规格的冷压端子且没有导体露出	是( )否( )
7	各接线端导线是否压紧(导线不能用手拽出)	是( )否( )
8	线号套管、端子标记和元器件是否标记正确	是( )否( )
9	线号套管、端子标记大小方向是否一致	是( )否( )

(5)通电前检查,并填写下表。

序号	上电前安全检测	检测结果
1	接线是否与电路图相符	是( )否( )
2	L、N、PE 三条线之间是否无短路现象	是( )否( )
3	插座 L、N、PE 三个插孔接线是否正确(从面板方向看左 N、右 L、中 PE)	是( )否( )

(6)通电试验,并填写下表。

序号	功能检测	检测结果
1	插座 L、N 两插孔之间电压是否为 220 V	是( )否( )
2	灯具能否实现异地控制功能	是( )否( )
3	总电源断路器 QF1 是否能够切断电源 QF2、QF3	是( )否( )
4	QF2 单独断开后,是否能切断两个插座电源,且照明功能不受影响	是( )否( )
5	QF3 单独断开后,是否能切断照明回路电源,且插座功能不受影响	是( )否( )

动手操作三 日光灯电路的安装与调试

做前提要

1. 认识日光灯。
2. 护套线的敷设工艺。

任务描述

　　请使用护套线完成单管日光灯电路的安装。图1－55a是一控一照明灯电气图,图1－55b是日光灯护套线线路安装的实物图。请照图在安装板上施工,完成一控一日光灯的安装。

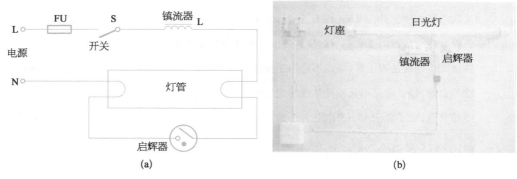

图1－55　一控一日光灯的安装

工作资料

认 识 日 光 灯

　　日光灯是一种荧光灯,在真空的玻璃管里装有汞(水银),两端各有一个灯丝做电极,管的内壁涂有荧光粉。图1－56a是直管形荧光灯。在日常生活中除了这种直管形荧光灯,还有环形荧光灯,如图1－56b所示。除形状外,环形荧光灯与直管形荧光灯没有多大差别。

图1－56　日光灯

（1）直管形荧光灯常见标称功率有 20 W、30 W、40 W，管径用 T4、T5、T8，灯头用 G5、G13。荧光灯管的管径越细，光效越高，节电效果越好。同时管径越细，启辉点燃电压越高，对镇流器技术性能要求越高。

（2）管径大于 T8（含 T8）的荧光灯管启辉点燃电压较低。相对于 220 V、50 Hz 工频交流电，符合启辉点燃电压小于 1/2 电源电压定律。可以采用电感式镇流器，进行启辉点燃运行。

管径小于 T8 的荧光灯管，启辉点燃电压较高。相对于 220 V、50 Hz 工频交流电，不符合启辉点燃电压小于 1/2 电源电压定律。不能采用电感式镇流器，必须匹配电子式镇流器。由电子式镇流器产生启辉高压，将荧光灯管击穿点燃。然后由电子式镇流器驱动荧光灯管点燃运行。

为了方便安装、降低成本和安全起见，许多直管形荧光灯的镇流器都安装在支架内，构成自镇流型荧光灯。

（3）LED 日光灯俗称直管灯，是传统荧光灯管的替代品，但发光原理是采用 LED 半导体芯片进行发光。它的特点体现在节能和环保两方面。使用寿命在 5 万 h 以上，不需起辉器和镇流器，启动快、功率小、无频闪，不容易视疲劳。它不但超强节能，而且更为环保，是国家绿色节能 LED 照明市场工程重点开发的产品之一。

 知识考验

（1）请查阅资料，补充完整下表的日光灯主要组成部分。

元 件 实 物	元 件 名 称	图 形 符 号
	启辉器	

（2）请查看日光灯的电气原理图，简要说明镇流器与灯座、电源是如何连接的，启辉器与灯座是如何连接的。

工艺卡片

护套线的敷设工艺

塑料护套线多用于居住及办公等建筑室内电气照明及日用电器插座线路，可以直接敷设在楼板、墙壁等建筑物表面上，用铝片卡（钢精轧头）或塑料钢钉电线卡作为塑料护套线的支持物，但不得在室外露天场所明敷。

1. 常用塑料护套线

按材质分为铜芯线（BVV）和铝芯线（BLVV），均有单芯、双芯、三芯、四芯、五芯几种。工程中使用的塑料护套线的最小截面积：铜线不应小于 1.0 mm^2，铝线不应小于 1.5 mm^2；户外使用不得小于 1.5 mm^2。明敷时导线截面积不宜大于 6 mm^2。

在比较潮湿和有腐蚀性气体的场所可采用塑料护套线明敷。在建筑物顶棚内，严禁采用护套线布线。在进户时，护套电源线必须穿在保护管内进入计量箱内。

2. 塑料护套线配线有关要求

（1）塑料护套线与其他管道间的最小距离应大于以下规定：

① 与蒸汽管平行时 1 000 mm，在管道下边 500 mm。

② 与暖热水管平行时 300 mm，在管道下边 200 mm。

③ 与煤气管道在同一平面上布置，间距 50 mm。

（2）塑料护套线穿过楼板、墙壁时应用保护管保护，保护高度距离地面不低于 1.8 m，其保护管凸出墙面的长度为 3～10 mm。

（3）在护套线线路中不可采用导线与导线的直接连接，应采用接线盒或其他接线装置。护套线进圆木或者接线盒，应保持护套线完整，在盒内留有 10 mm 的护套层，同时在接线盒、圆木进线处开有相应的缺口。

（4）护套线在同一平面上转弯时，应先用手将导线拉平服帖后，再弯曲成型，弯曲半径不应小于护套线宽度的 3 倍；在不同平面上转弯时，弯曲半径应不小于护套线厚度的 3 倍。太小会损伤线芯，太大会影响美观。折弯处都需用线卡固定。

（5）导线间和导线对地间的绝缘电阻值必须大于 $0.5 \text{ M}\Omega$。

（6）护套线敷设平直整齐、固定牢靠，应紧贴建筑物表面，多根平行敷设间距一致，分支和转弯整齐。

（7）护套线敷设后应无扭绞、死弯、绝缘层损坏和护套线断裂等现象。

3. 线卡的安装要求

线卡常用规格有 0 号、1 号、2 号、3 号等，规格越大，能夹持的护套线越多。在固定线卡之前首先要确定其位置，规定如下：

（1）直线部分。两支持点之前的距离为 120～200 mm。

（2）弯角部分。离弯角顶点距离为 50～100 mm。

（3）起始部分。进圆木、接线盒时，一般距离为 50 mm，均需安装一个线卡。

 任务实施

1. 安装前划线

确定各电气元件及电源进线的位置，安装板为 600 mm×800 mm。请标出所有线卡的点位，并标注安装尺寸，注意对其的距离要求。

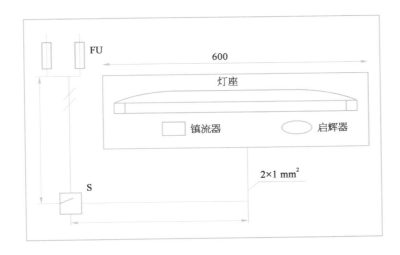

2. 敷设导线

护套线的敷设方法见工艺卡片。

3. 安装日光灯

（1）灯座的安装。日光灯灯座由一个固定式灯座和一个弹簧的活动式灯座组成，其功能主要是便于灯管的安装。安装这两个灯座，首先要根据灯管长度确定固定位置，然后再把灯座的支架固定在安装板上。

（2）灯座的接线。以 4 根截面积为 1 mm²、长度为灯管 2/3 的多股软导线作为日光灯电路的接线。用剥线钳剥去绝缘层，然后制作一个压线圆圈套在螺钉上拧紧。

（3）镇流器与启辉器的安装。

4. 安装线路

日光灯线路的安装与一控一照明灯线路基本相同，主要区别在于灯具的安装。安装时，控制开关必须接在零线上还是火线上？一旦接反，会出现什么现象？

5. 通电前检查

安装完毕后，应运用上一个任务中介绍的检查方法检测电路是否短路或者断路。请问应该选择万用表的哪个挡位来测量？

6. 通电试验

断电测试无误后,经教师检查,可通电试验。接上220 V的交流电,拨动开关,观察日光灯的变化。如果测试不成功,应当怎样检查?存在什么问题?如何修复?请记录在下表中。

故 障 现 象	故障可能原因	检 修 方 法

7. 日光灯的可能故障

(1) 不发光的原因:

① 灯管接触不良,可用手将两端灯脚推紧。若还是不行,就检查日光灯管的灯丝引脚,两端的电阻正常为十几欧,如果测出是无穷大,则说明灯丝已烧断。

② 灯管闪烁一下就熄灭,无法再启动,往往是镇流器线圈短路。

(2) 灯管一直闪烁的原因:

① 启辉器损坏或者是线路接触不良。

② 电网电压不稳定。

(3) 日光灯工作时有杂音:由于镇流器铁心松动。

 巩固练习

1. 图1-57是普通墙壁插座的背面图,请在下表填上应接线的颜色。

图1-57　插座的背面图

接线端	颜 色
L	
N	
⏚	

2. 请将图 1-58 中的剩余电流保护器的部分技术参数填入下表。

图 1-58 剩余电流保护器

脱扣类型	
额定电压及类型	
额定剩余动作电流	
漏电保护类型	
额定电流	
额定分断能力	
动作时间	
极数	

3. 请将图 1-59 的空气断路器的技术参数填入下表。

图 1-59 空气断路器

脱扣类型	
额定电流	
额定电压及类型	
额定频率	
额定分断能力	
极数	

继电控制线路的装调

情境描述

继电控制线路(图2-1)在工厂生产中应用十分广泛,常用于控制车床、生产线、流水线等的运行,是机电专业学生必须掌握知识和技能。本情境要求学生能认识常用的低压电气元件,能认识电气技术基础线路并描述其工作原理,能认识电气能源使用不当对人和设备产生的危险,能根据控制线路完成工具的选用、元件的选型、元件的检测和线路的装配、检测、调试。

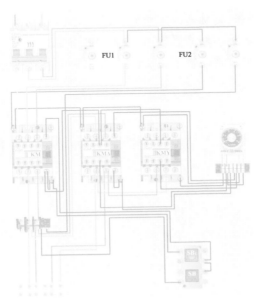

图2-1　继电控制线路的装调

任务一　　切割机控制线路的检修

技能目标

1. 能读懂电动机的铭牌,掌握电动机的选择与配置。
2. 掌握按钮、熔断器、接触器等元器件的选择与配置。
3. 能按照电气图正确安装熔断器、按钮、接触器等电器元件。
4. 会选用合适的仪器仪表对电动机的状态进行检测,排除常见的故障。
5. 会对电动机进行简单保养。
6. 作业完毕后能按照电工作业规程清点、整理工具,收集剩余材料,清理工程垃圾,拆除防护措施。

知识目标

1. 能说出三相交流异步电动机的结构与原理。
2. 掌握按钮、熔断器、接触器的工作原理、符号、作用、选用以及安装方法。
3. 理解电动机点动控制电路原理图,分析其工作原理。
4. 掌握电动机故障的常规检修方法。

活动一　认识三相交流异步电动机

学前提要

1. 三相交流异步电动机的结构。
2. 三相交流异步电动机的工作原理。
3. 电动机铭牌的含义。

问题导入

电动机是第二次科技革命中最重要的发明之一,它至今仍在社会生产、生活中起着极为重要的作用。请大家观察图 2-2 中各种电气设备是否含有电动机？电动机大约在哪些电气设备的哪个部位？电动机在电气设备中起什么作用？

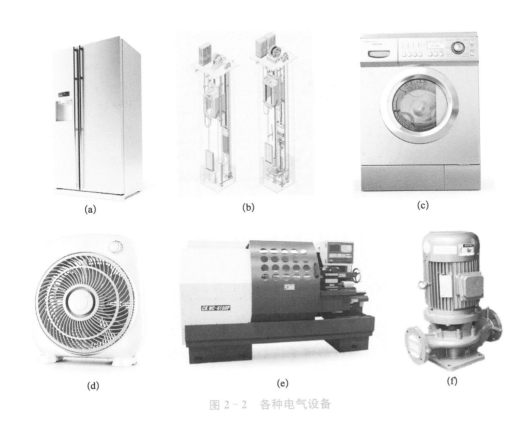

图 2-2 各种电气设备

 数据在线 1

电动机的分类

电动机的分类如图 2-3 所示。

$$电动机 \begin{cases} 交流 \begin{cases} 异步电动机：应用广泛 \\ 同步电动机：用于功率较大、不需要调速、长期工作的机械 \end{cases} \\ 直流：他励、并励、串励、复励 \end{cases}$$

图 2-3 电动机的分类

所谓异步及同步是指电动机的转子转速与气隙中旋转磁场的旋转方向及速度是否相同，相同即称为同步，反之就是异步。

异步电动机的优点有结构简单、容易制造、价格低廉、运行可靠、坚固耐用、运行效率较高、具有适用的工作特征。

三相异步电动机的结构

三相异步电动机的内部结构如图 2-4 所示,由定子部分与转子部分组成。

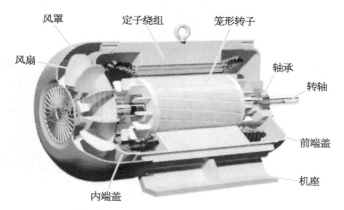

图 2-4 三相异步电动机的内部结构

1. 定子部分

定子是用来产生旋转磁场的。三相电动机的定子一般由外壳、定子铁心、定子绕组等部分组成。

(1)外壳。三相电动机外壳包括机座、端盖、轴承盖、接线盒及吊环等部件。

(2)定子铁心。异步电动机的定子铁心是电动机磁路的一部分,用来嵌放定子绕组。

(3)定子绕组。定子绕组是三相电动机的电路部分。

2. 转子部分

异步电动机的转子是由转子铁心、转子绕组和转轴组成的,其实物图如图 2-5 所示。

(1)转子铁心。其是电动机磁路的一部分,铁心固定在转轴或转子支架上,整个转子的外表呈圆柱形。

(2)转子绕组。其分为笼形和绕线型两类。

(a) 鼠笼转子

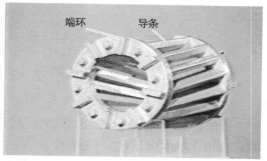

(b) 鼠笼绕组

图 2-5 转子实物图

知识考验 1

(1) 参考下表,把各部分的名称填入下图的空白框中。

名 称	机 座	转 子	定子绕组	定 子
序号	1	2	3	4

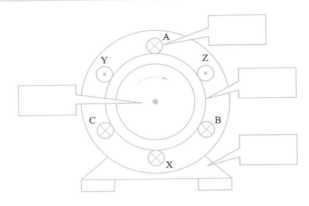

(2) 查看资料以及参考下表,在下图的空白框中填入各部分的名称。

名称	后端盖	定子绕组	前端盖	转子铁心	定子铁心	吊环	机座	风罩	风扇
序号	1	2	3	4	5	6	7	8	9

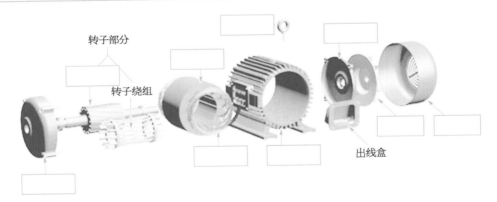

转子部分

转子绕组

出线盒

 数据在线 2

电动机绕组的连接方式

三相异步电动机有三相绕组,它们互隔120°,分别嵌放在定子铁心中。接线方法有两种：一种是三角形接线(图2-6a)，用符号"△"表示；另一种是星形接线(图2-6b)，用符号"Y"表示。

(1) 三角形接线。三相绕组依次首尾相连连成一个闭合回路。

(2) 星形接线。把三相绕组的三个尾端或首端连接在一起形成星点，另外三个首端或尾端连电源。

定子三相绕组的六个出线端都引至接线盒上，首端分别标为U1、V1、W1，末端分别标为U2、V2、W2。这六个出线端在接线盒里的排列如图2-7所示，可以接成三角形或星形。定子绕组是电路重要的组成部分，用绝缘的铜(或铝)导线绕成，嵌在定子槽内。

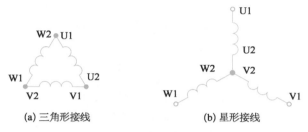

(a) 三角形接线　　　　　　　(b) 星形接线

图2-6　绕组接线方式

 知识考验2

根据所学的知识以及资料，对应图2-7填写下表。

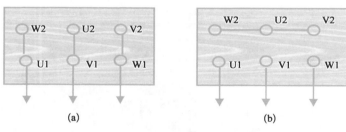

(a)　　　　　　　　　　(b)

图2-7　接线盒

对　　象	图2-7a	图2-7b
绕组连接方式		

 数据在线3

三相异步电动机的工作原理

当电动机的三相定子绕组通入三相对称交流电流后，如图2-8所示，将产生一个转

速为 n_1 的旋转磁场,该旋转磁场切割转子绕组,从而在转子绕组中产生感应电流(转子绕组是闭合通路),载流的转子导体在定子旋转磁场作用下将产生电磁力,从而在电动机转轴上形成电磁转矩,驱动转子以速度 n 旋转,并且电动机旋转方向与旋转磁场方向相同。

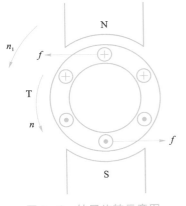

图 2-8　转子旋转示意图

三相异步电动机		
型号　Y132M-4	功率　7.5 kW	频率　50 Hz
电压　380 V	电流　15.4 A	接法　△
转速　1 440 r/min	绝缘等级　B	工作方式　连续
年　月　编号		××电机厂

图 2-9　电动机铭牌

电动机铭牌

要正确使用电动机,必须要看懂铭牌。现以 Y132M-4 型电动机为例,说明铭牌上各个数据的意义(图 2-9)。为了适应不同用途和不同工作环境的需要,电动机制成不同的系列,每种系列用各种型号表示。

 知识考验 3

(1) 查找资料,将下表中名称对应的序号填入下图的正确位置。

名　称	旋转磁场	切割转子绕组	转子中产生感应电流	产生电磁转矩
序　号	1	2	3	4

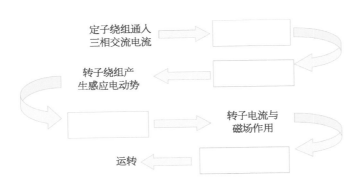

(2) 将图 2-9 中电动机铭牌的技术参数填入下表。

名称	电动机型号	额定电压	额定电流	工作方式	功率	接法	功率因数	转速
参数								

活动二　认识按钮、熔断器、交流接触器

 学前提要

1. 认识按钮元件。
2. 认识熔断器元件。
3. 认识交流接触器元件。

 问题导入

（1）请描述你见过的电气设备,它们在运行时是怎么控制的?

（2）大家有没有见过如图 2-10 所示的电气元件? 这些都用在哪些场合? 如果都没见过,则请老师带领参观实验室或者实训场,讨论一下这些电气元件能起到什么作用。

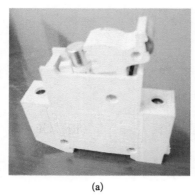
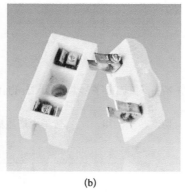

(a)　　　　　　　　　　　(b)　　　　　　　　　　　(c)

图 2-10　各类电气元件

 数据在线 1

按　钮

按钮是一种结构简单但应用十分广泛的主令电器,是常用的控制电器元件,常用来接通或断开控制电路,从而达到控制电动机或其他电气设备运行目的的一种开关。

1. 按钮的结构

按钮由按钮帽、复位弹簧、固定触点、可动触点、外壳和支柱连杆等组成,如图2-11所示。

 +  =

图2-11 按钮的结构

2. 工作原理

按钮是一种人工控制的主令电器,主要用来发布操作命令、接通或开断控制电路,控制机械与电气设备的运行。按钮的工作原理很简单,对于常开触头,在按钮未被按下前,电路是断开的,按下按钮后,常开触头被连通,电路也被接通;对于常闭触头,在按钮未被按下前,触头是闭合的,按下按钮后,触头被断开,电路也被分断。由于控制电路工作的需要,一只按钮还可带有多对同时动作的触头。

 知识考验 1

检查、测量按钮是否存在故障隐患,并填写下表。

检 查 项 目	检 查 结 果
外观检查	
按钮触点的检查	
活动部件的检查	
按钮 NC 触点电阻的测量	
按钮 NO 触点电阻的测量	
按钮 NC 触点按下时电阻的测量	
按钮 NO 触点按下时电阻的测量	

 数据在线 2

熔 断 器

熔断器是指当电流超过规定值时,以本身产生的热量使熔丝熔断,从而断开电路的一种电器,如图 2-12 所示。熔断器广泛应用于高、低压配电系统和控制系统以及用电设备中,作为短路和过电流的保护器,是应用最普遍的保护器件之一。

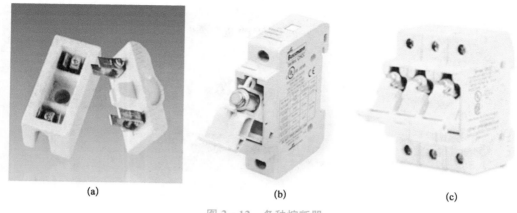

(a)   (b)   (c)

图 2-12 各种熔断器

熔断器主要由熔丝和熔管两个部分及外加填料等组成。使用时,将熔断器串联于被保护电路中,当被保护电路的电流超过规定值并经过一定时间后,由熔丝自身产生的热量熔断熔丝,使电路断开,起到保护的作用。当过载或短路电流通过熔丝时,熔丝自身将发热而熔断,从而对电力系统、各种电工设备及家用电器起到保护作用。

 知识考验 2

(1) 将图 2-13 中熔断器的技术参数填入下表。

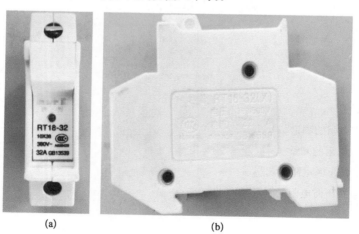

(a)   (b)

图 2-13 熔断器的技术参数

型 号	额定电压	额定电流	熔丝额定电压	额定分断能力

（2）通过资料与所收集的信息，查看熔断器是否存在故障隐患，并填入下表。

检 查 项 目	检 查 结 果
外观检查	
熔断器触点的检查	
熔丝电阻的测量	
熔断器没有安装熔丝电阻的测量	
熔断器安装熔丝电阻的测量	

 数据在线 3

交 流 接 触 器

交流接触器（图2-14）应用于电力、配电与用电场合。接触器广义上是指工业电中利用线圈流过电流产生磁场，使触头闭合，以达到控制负载的电器。

图 2-14 交流接触器

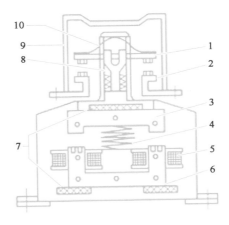

图 2-15 交流接触器的结构

1—动触头；2—静触头；3—衔铁；4—弹簧；
5—线圈；6—铁心；7—垫毡；8—触头弹簧；
9—灭弧罩；10—触头压力弹簧

交流接触器的结构如图2-15所示。接触器的工作原理是：当接触器线圈通电后，线圈电流会产生磁场，产生的磁场使静铁心产生电磁吸力吸引动铁心，并带动交流接触器动作，常闭触点断开，常开触点闭合，两者是联动的。当线圈断电时，电磁吸力消失，衔铁在释放弹簧的作用下释放，使触点复原，常开触点断开，常闭触点闭合。接触器利用主触点来控制电路，用辅助触点来导通控制回路。

知识考验 3

（1）查找资料，将下表中对应的号码填入下图正确的空白框内。

名称	主电源出线口	型号	主电源进线口	系列	辅助触点	手动测试开关
序号	1	2	3	4	5	6

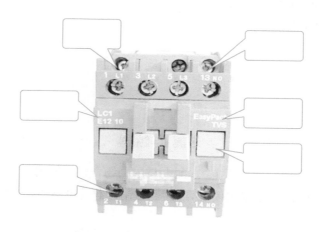

（2）根据选型手册，以及收集的接触器与电动机的信息，判断接触器是否存在故障隐患，并填入下表（第 3、4 项通过接触器上的说明获得，第 5～12 项通过万用表来测量）。

序　号	检　查　项　目	检　查　结　果
1	外观检查	
2	活动组件检查	
3	线圈的控制电压	
4	线圈的电阻	
5	接触器主触点 L1 - T1 断开时的电阻	
6	接触器主触点 L1 - T1 接通时的电阻	
7	接触器主触点 L2 - T2 断开时的电阻	
8	接触器主触点 L2 - T2 接通时的电阻	
9	接触器主触点 L3 - T3 断开时的电阻	
10	接触器主触点 L3 - T3 接通时的电阻	
11	接触器主触点 L3 - T4 断开时的电阻	
12	接触器主触点 L3 - T4 接通时的电阻	

（3）请根据教材后附的信息页接触器选型表与你的理论计算值,选择一款合适的交流接触器填入下表。

电气参数	工作电流	工作电压	线圈电压	型　号
理论计算值				
选型表				

动手操作一　电动机的状态检测

做前提要

1. 万用表的使用方法。
2. 兆欧表的检测方法。

任务描述

某车间有一台切割机(图 2 - 16),如发生故障,请你选择合适的仪器仪表来检查电动机的状态,判断电动机存在哪些故障。

工作资料

三相异步电动机的故障分析

三相异步电动机主要包括定子和转子两个部分,定子由定子绕组和铁心组成,其中定子绕组是电动机的心脏。三相异步电动机的常见故障多出现在定子绕组上,如绝缘不良、接地、断路和短路等(表 2-1)。

图 2 - 16　切割机

表 2 - 1　电动机的常见故障

电动机不能启动的原因	电动机转速不正常的原因
电源出现失压或欠压故障	电动机受潮或绝缘不好
负载过大	电动机轴承偏心或转子扫膛
定子绕组(常见故障)	定子绕组局部短路或某相绕组断路

检测对象为绕组对地绝缘(兆欧表)、绕组相间绝缘(兆欧表、万用表)。

1. 兆欧表(图2-17a)检测

(1)测量绕组对地绝缘时,要把电动机的接线全都拆掉。

(2)先检测兆欧表的好坏,做开路、短路试验。

(3)兆欧表正常工作,用一个表笔接电动机外壳,此时另一个表笔接绕组的一端,转动摇把,达到120 r/min。当读数稳定时,就是这个绕组的对地绝缘阻值(三个绕组要分别测量三次,如电动机是星形连接,引出三根出线,那就只需摇测一次就行)。

(4)检测绕组相间绝缘时,把表笔先接在一个绕组上,然后转表,测量另一个绕组与它的阻值,一般要大于0.5 MΩ。

2. 万用表(图2-17b)检测

层间绝缘也可以使用万用表测量,就是通过比较三个绕组的直流电阻值来判断绕组是否存在层间(匝间)短路的故障。当测量后有一组数值明显偏小时,就怀疑这组层间有问题了。

　　　　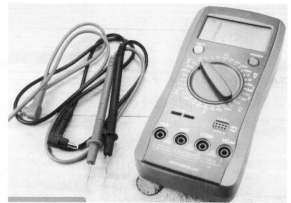

(a)兆欧表　　　　　　　　　　　　(b)万用表

图2-17　常用检测仪表

 **工艺卡片**

兆　欧　表

通过资料与收集的信息,将下表中对应的序号填入下图的空白框中(保护环的作用是减少测量误差)。

名　称	刻度盘	保护环(G)	摇　柄	接线端子(L)	接地端子(E)
序　号	1	2	3	4	5

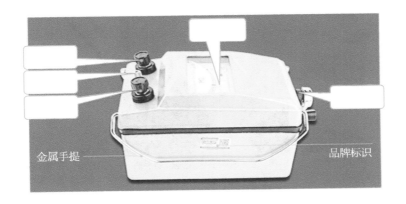

金属手提

品牌标识

兆欧表使用的注意事项

（1）测量前按被测电气设备的电压等级选择兆欧表。

（2）测量前被测设备应切断电源。对于电容量较大的设备应进行接地放电。

（3）测量前先将兆欧表进行一次开路和短路试验。如果指针不指在"∞"或"0"的刻度线上，必须对兆欧表进行检修、校验后才能使用。

开路测试如图 2 - 18 所示。

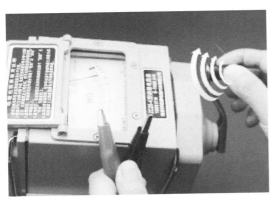

第一步：在无接线的情况下可顺时针摇动手柄

第二步：在正常情况下，指针向右滑动，最后停留在"∞"的位置

图 2 - 18 兆欧表开路测试

短路测试如图 2 - 19 所示。

（4）摇测时，兆欧表必须平放，转速要均匀，约 120 r/min，勿使兆欧表振动。

（5）兆欧表的接线必须使用两根独立的绝缘导线，不得使用平行线或绞线。

（6）测量后，应将被测设备充分放电。

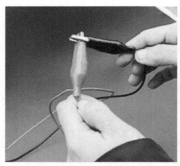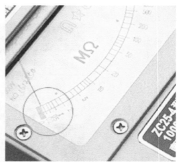

第一步：将L端与E端两根检测　　　第二步：顺时针缓慢地转动手柄　　　第三步：正常情况下，指针向左滑动，
　　　棒短接起来测试　　　　　　　　　　　　　　　　　　　　　　　　　　　最后停留在"0"的位置

图 2 – 19　兆欧表短路测试

 任务实施

1. 万用表检测电动机绕组层间绝缘

测量之前首先要在电动机的接线盒处将定子绕组的各引出线间的连接片全部拆除，然后分清楚各绕组的首位端（即确认两个引出线属于同一个绕组）。

简单一些的测量方法就是使用万用表，可以采用万用表的电阻挡（最好是选用能测量二极管通断的挡位）分别测量每个绕组的两个引出线端。如果表计显示导通或者电阻值非常小就说明该绕组没有被烧断，相反如果表计显示不导通或者电阻值很大的话则很有可能该绕组已烧断。

将检测结果填入下表。

定 子 绕 组	万用表检测电阻值	绕组是否完好	检测结果
第一组			
第二组			
第三组			

2. 兆欧表测量对地绝缘电阻（图 2 – 20）

将检测对地绝缘电阻时的接线方式填入下表。

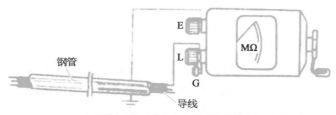

(a) 测量线路对地绝缘电阻时的接线方式

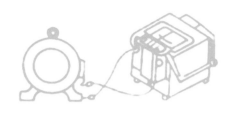

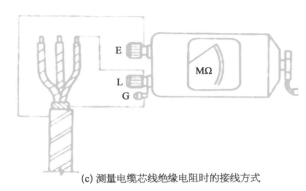

(b) 测量电动机或电气设备外壳　　　　　　(c) 测量电缆芯线绝缘电阻时的接线方式

图 2-20　兆欧表的使用方法

测 试 线 路	测量线路对地绝缘电阻	测量电动机外壳对地电阻	测量电缆芯线绝缘电阻

动手操作二　切割机控制线路的检修

 做前提要

1. 理解电动机点动控制电路原理图,分析工作原理。
2. 根据故障现象对控制电路进行故障排查。

任务描述

通过检测已经排除切割机的电动机故障,但是切割机仍然无法正常工作,那么下面请对切割机控制线路进行检修。

工作资料

切割机控制要求:按下按钮 SB1,切割机运行;松开按钮 SB1,切割机停止。
切割机分析:请进行电气原理图的补充工作(图 2-21)。

 知识考验

(1) 区分主回路和控制回路,将正确的选项填入下表的空格中。
A. 流过的电流较大,用于对电动机等主要用电设备提供供电,其受辅助电路的控制
B. 控制主电路动作的电路

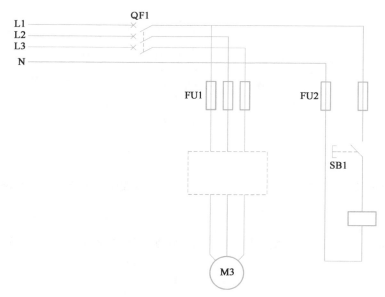

图 2－21　切割机电气原理图

主　回　路	控　制　回　路

（2）分组讨论：看电气原理图时，应先分析主回路还是控制回路，为什么？

（3）对图 2－22 中的接触器接线口进行连线。

L1　　　　　　　　主触点进线口

NO　　　　　　　　主触点出线口

NC　　　　　　　　线圈进线接线口

A1　　　　　　　　常开触点

T1　　　　　　　　常闭触点

图 2－22　交流接触器

（4）电气维修在不同的工作现场所需要做的安全防护措施也不同，一般主要包括（　　　）。

A. 停电、验电、悬挂警示牌　　　　　　B. 检查防护用品的佩戴

C. 检查工器具绝缘　　　　　　　　　D. 通知相关工作人员

（5）练习电笔的使用，分组讨论电笔使用中的注意事项。

任务实施

1. 元器件的选择与检测

(1) 根据选型手册以及所收集的接触器,判断该接触器是否存在故障隐患,并填入下表(第 3、4 项通过接触器上的说明获得,第 5～12 项通过万用表测量)。

序　号	检　查　项　目	检　查　结　果
1	外观检查	
2	活动组件的检查	
3	线圈的控制电压	
4	线圈的电阻	
5	接触器主触头 L1－T1 断开时电阻	
6	接触器主触头 L1－T1 接通时电阻	
7	接触器主触头 L2－T2 断开时电阻	
8	接触器主触头 L2－T2 接通时电阻	
9	接触器主触头 L2－T2 断开时电阻	
10	接触器主触头 L3－T3 接通时电阻	
11	接触器主触头 13－14 断开时电阻	
12	接触器主触头 13－14 接通时电阻	

(2) 将下表中的序号填入下图相应的空白处。

名　称	进线接线口	通断指示	型　号	额定电压	额定电流
序　号	1	2	3	4	5

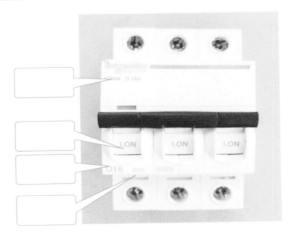

(3) 控制原理分析排序(把下表中控制原理分析的序号填入下面的流程框里)。

元器件的动作	序 号
电动机 M 转动	A
电动机 M 停止	B
闭合断路器 QF1	C
按下启动按钮 SB1	D
松开启动按钮 SB1	E
接触器 KM1 线圈得电	F
接触器 KM1 主触点闭合	G

2. 电动机的故障排除

（1）确认故障原因，并把结果填入下表。

检 查 项 目	检 查 结 果
拆除电动机电源线，做好绝缘，按下启动按钮测试控制回路，用排除法测试故障位置	
停电、验电、手动盘车，测试是否有机械摩擦	

（2）通电检测，根据不同的测试结果对设备进行检修，并记录于下表中。

序 号	故 障 现 象	维 修 方 法
1	接触器正常吸合	
2	接触器不能吸合	
3	断路器跳开	

（3）将万用表调到电阻挡，按图 2-23～图 2-25 查找故障点（控制回路）。

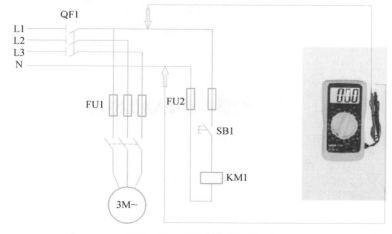

图 2-23 万用表测量图（一）

① SB1 分别抬起、按下时测量(图 2 - 23),并把结果分别记录于下两表中。

SB1 抬起时测量结果	结 果 分 析
电阻 R 为 0	
电阻 R 为∞	

SB1 按下时测量结果	结 果 分 析
电阻 R 为 0	
电阻 R 为∞	

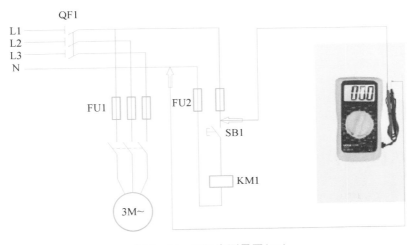

图 2 - 24　万用表测量图(二)

② SB1 分别抬起、按下时测量(图 2 - 24),并把结果分别记录于下两表中。

SB1 抬起时测量结果	结 果 分 析
电阻 R 为 0	
电阻 R 为∞	

SB1 按下时测量结果	结 果 分 析
电阻 R 为 0	
电阻 R 为∞	

③ 测量电路(图 2 - 25),并把结果记录于下表中。

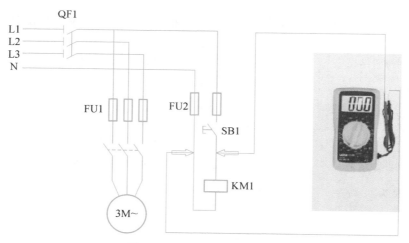

图 2-25　万用表测量图（三）

测 量 结 果	结 果 分 析
电阻 R 为 0	
电阻 R 为（　　　）	
电阻 R 为 ∞	

 巩固练习

1. 将图 2-26 中电动机铭牌的技术参数填入下表。

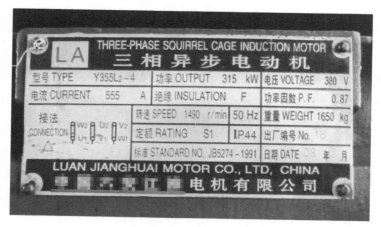

图 2-26　电动机铭牌

名　称	型　号	额定电压	额定电流	工作方式	功　率	接　法	功率因数	转　速
参　数								

2. 某电动机铭牌中型号为 Y90L-4,请写出该型号的含义。

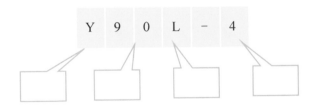

3. 请用连接线分别在下图中画出电动机绕组的两种接线方式。

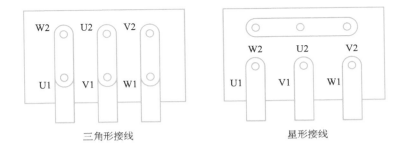

三角形接线　　　　　　　　　　　星形接线

4. 参考信息与资料,请简单介绍一下三相异步电动机的工作原理。

5. 请将下表中的序号填入下图按钮内部结构图对应的空白框内。

名称	常闭触点未受外力处于闭合状态	常开触点未受外力处于断开状态	按钮帽	常闭触点	常开触点	按钮复位弹簧
序号	1	2	3	4	5	6

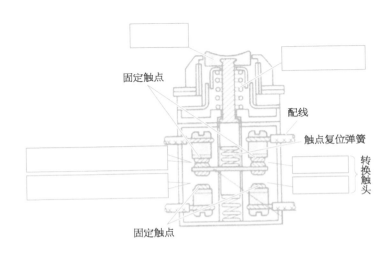

6. 请将下表中的序号填入下图对应的空白框内。

名称	常闭触点受 外力处于断开状态	常开触点受外力 处于闭合状态	按钮帽	常闭触点	常开触点
序号	1	2	3	4	5

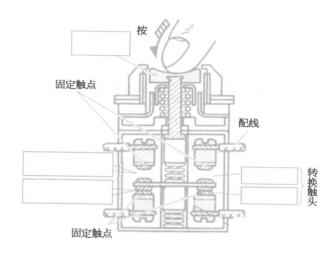

7. 万用表是维修人员常用的仪表之一,请说出图 2-27 中万用表的这些部件分别都起什么作用。

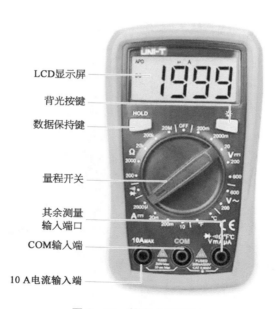

图 2-27　数字式万用表

8. 请说出兆欧表使用时的注意事项。

任务二　　空气压缩机控制线路的装调

技能目标

1. 能正确使用电工工具。
2. 能根据工艺要求选择合适的导线、热继电器等。
3. 能根据工作任务，制定工作计划。
4. 能精确测量、切割与安装线槽、导轨，能敷设护套线线路。
5. 能按照电路原理图正确安装导线、按钮、热继电器、接触器等元器件。
6. 会使用万用表等仪器仪表检测线路通断，会排除空气压缩机控制线路的常见故障。
7. 能根据故障现象对控制电路进行故障排查。
8. 作业完毕后能按照电工作业规程清点、整理工具，收集剩余材料，清理工程垃圾，拆除防护措施。

知识目标

1. 能叙述安全用电的基本常识，建立自觉遵守电工安全操作规程的意识。
2. 认识常用电工工具、导线的种类。
3. 能看懂继电器控制电路图，并掌握其控制原理。
4. 掌握继电器控制电路的调试检修方法。
5. 熟知继电器控制电路中的接地、接零知识。
6. 掌握自锁控制的原理。

活动一　认识接触器的自锁控制

学前提要

1. 自锁控制。
2. 电气原理图。

问题导入

在日常生活和实际生产中,生活家电(图 2 - 28)运行更多的是点动运行还是连续运行?

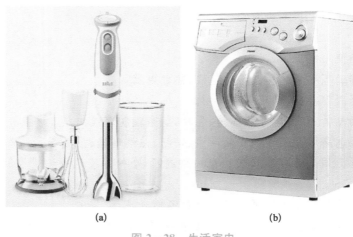

　　　　　(a)　　　　　　　　　　　　(b)

图 2 - 28　生活家电

 数据在线

自 锁 控 制

　　交流接触器通过自身的常开辅助触点使线圈总是处于得电状态的现象叫作自锁。这个常开辅助触点叫作自锁触点。在接触器线圈得电后,利用自身的常开辅助触点保持回路的接通状态,一般对象是对自身回路的控制。

　　如把常开辅助触点与启动按钮并联,则当启动按钮按下,接触器动作,辅助触点闭合,进行状态保持,此时再松开启动按钮,接触器也不会失电断开。

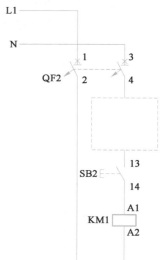

 知识考验

　　(1) 请将下面的自锁控制电路图补充完整,使其完成自锁控制。

　　(2) 什么是自锁?这个项目由哪些元器件形成的自锁?

　　(3) 试归纳总结点动和自锁控制电路的区别。

活动二 认识开关电源、热继电器、直流接触器

学前提要

1. 热继电器的结构、工作原理和选型。
2. 直流接触器的工作原理。
3. 开关电源的工作原理。

问题导入

电动机长时间运行的时候会出现如图 2-29 所示的现象吗？请描述图中的现象。有什么方法可以避免此类现象的发生？

(a)

(b)

图 2-29 电动机的故障

数据在线 1

热继电器是用于电动机或其他电气设备、电气线路的过载保护电器。常见的热继电器如图 2-30 所示，其结构如图 2-31 所示。

热继电器的工作原理是流入热元件的电流产生热量，使有不同膨胀系数的双金属片发生形变（图 2-32），当形变达到一定距离时，就推动连杆动作，使控制电路断开，从而使接触器失电，主电路断开，实现电动机的过载保护。

使用热继电器对电动机进行过载保护时，将热元件与电动机的定子绕组串联，将热继电器的常闭触点串联在交流接触器的电磁线圈的控制电路中，并调节整定电流调节旋钮，使人字形拨杆与推杆相距适当距离。当电动机正常工作时，通过热元件的电流即为电动

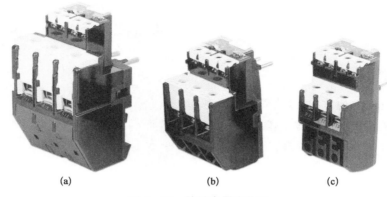

图 2-30   热继电器实物图

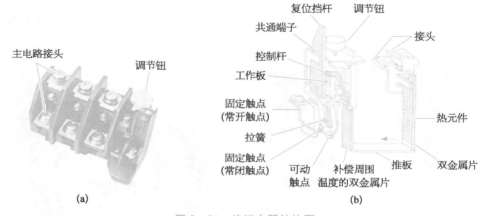

图 2-31   热继电器结构图

机的额定电流,热元件发热,双金属片受热后弯曲,使推杆刚好与人字形拨杆接触,而又不能推动人字形拨杆。常闭触点处于闭合状态,交流接触器保持吸合,电动机正常运行。

若电动机出现过载情况,绕组中电流增大,通过热继电器元件中的电流增大使双金属片温度升得更高,弯曲程度加大,推动人字形拨杆,人字形拨杆推动常闭触点,使触点断开而断开交流接触器线圈电路,使接触器释放、切断电动机的电源,电动机停车得到保护。

热继电器的电气符号如图 2-33 所示。型号及选型见附录的信息页内容。

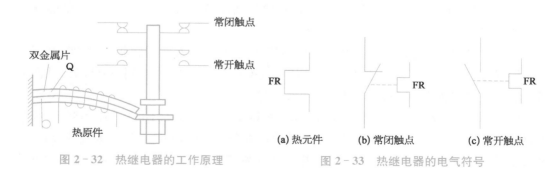

图 2-32   热继电器的工作原理   图 2-33   热继电器的电气符号

知识考验 1

（1）请将下面的自锁控制电气原理图补充完整，使其完成过载保护。

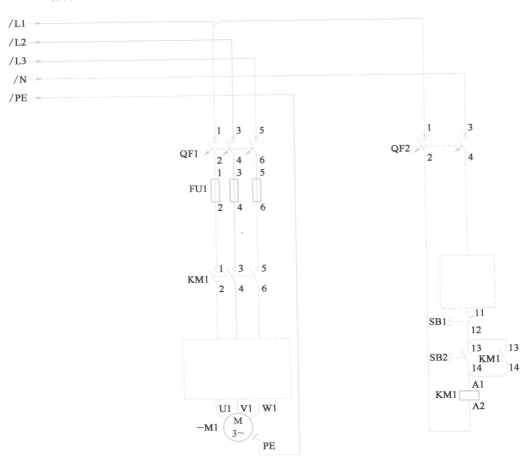

（2）比较电动机自锁启动主回路与点动启动主回路的异同点，填入下表（元器件的种类、数量，线路的分支）。

相　同　点	不　同　点

（3）比较电动机自锁启动控制回路与点动启动控制回路的异同点，填入下表（元器件的种类、数量，线路的分支）。

相　同　点	不　同　点

 数据在线 2

直 流 接 触 器

接触器分为交流接触器（电压 AC）和直流接触器（电压 DC），它应用于电力、配电与用电场合。接触器广义上是指工业电中利用线圈流过电流产生磁场，使触点闭合，以达到控制负载的电器。

直流接触器和交流接触器的区别大致如下：

（1）直流接触器通电后即使因为机械故障铁心吸合不上，线圈也不会烧坏；相比之下，交流接触器通电后若因为机械故障铁心吸合不上，线圈很快就会烧坏。

（2）直流接触器几乎没有振动和噪声；相比之下，尽管铁心有分磁环，交流接触器的振动和噪声还是比较明显。

直流稳压电源(开关电源)

直流稳压电源如图 2-34 所示，它是一种将工频交流电转换成稳压输出的直流电压的装置，需要变压、整流、滤波、稳压四个环节才能完成。

直流稳压电源的电气符号如图 2-35 所示。

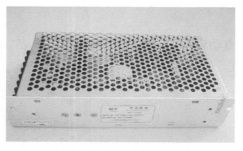

图 2-34　直流稳压电源

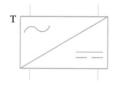

图 2-35　直流稳压电源的电气符号

 知识考验 2

（1）请识读如图 2-36 所示的直流稳压电源的铭牌参数，填入下表。

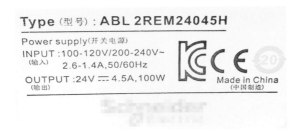

图 2-36 直流稳压电源的铭牌

输入电压	输入电流	输出电压	输出最大电流	输出功率	型 号

（2）完成下图的安全电压控制的电动机连续单向运行电路原理图。

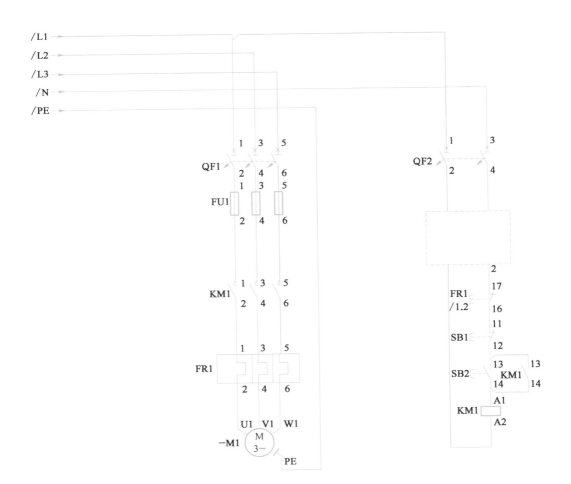

动手操作　空气压缩机控制线路的装调

做前提要

1. 电动机单向连续运行电气原理图。
2. 元件的选择和配置。
3. 安装、调试、故障排查。

任务描述

如图 2-37 所示,空气压缩机作为一种重要的能源产生形式,被广泛应用于生活、生产的各个环节。车间生产线启动设备时,往往需要空气压缩机提供动力源。为保证操作工的安全,要使用安全电压控制,这要求使用开关电源,将交流 220 V 电源转换为直流 24 V 电源。当设备启动时,操作工按下按钮,空气压缩机连续运行;当需要停止时,按下停止按钮,即停止运行。

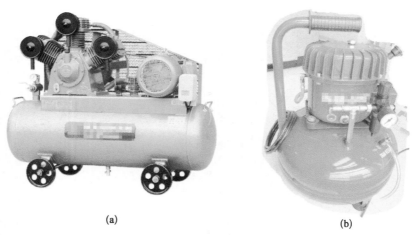

(a)　　　　　　　　　　　　　　　　(b)

图 2-37　空气压缩机

工作资料

图 2-38 为电动机单向连续运行电气原理图(安全电压控制)。

知识考验

(1) 请分析图 2-38 电气原理图中的保护元件有哪些,它们的作用是什么。

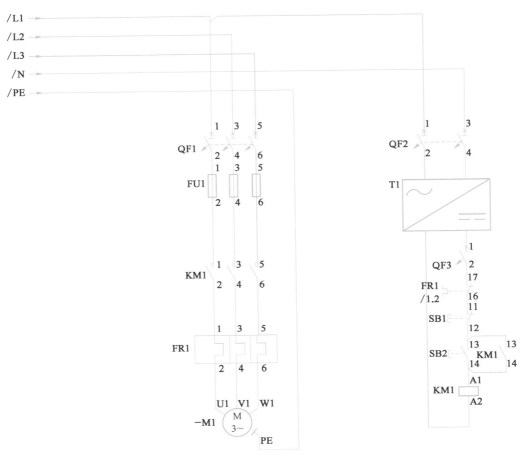

图 2 - 38　电动机单向连续运行电气原理图(安全电压控制)

（2）选用保护元器件要考虑元器件的哪些参数?

（3）请分析图 2 - 38 的工作原理,尝试对下表中的控制原理进行排序。

元器件的动作	序　号
电动机 M 转动	A
电动机 M 停止	B
闭合断路器 QF1	C
按下启动按钮 SB2	D
按下停止按钮 SB2	E
接触器线圈得电	F
接触器主触点闭合	G
闭合断路器 QF2	H
闭合断路器 QF3	I
接触器 KM1 辅助常开触点闭合	J
直流电源 T1 得电,输出直流 24 V	K

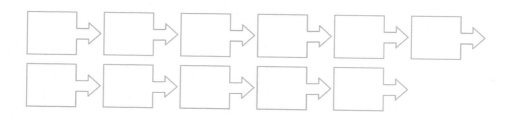

元件的选择和配置

（1）通过查阅资料，在下表中对断路器进行选型。

断　路　器	型　　号	额　定　电　流
QF1		
QF2		
QF3		

（2）通过查阅资料，在下表中选择不同功能按钮使用的颜色。

按　　钮	按　钮　作　用	颜　　色
SB1		
SB2		

（3）完成接触器、低压断路器、热继电器的检查，并将结果填入下面的三张表。

接触器检查项目	检　查　结　果
外观检查	
活动组件的检查	
线圈的电压	
线圈的电阻	
接触器主触点 L1－TI 断开时电阻	
接触器主触点 L1－TI 接通时电阻	
接触器主触点 L2－T2 断开时电阻	
接触器主触点 L2－T2 接通时电阻	
接触器主触点 L3－T3 断开时电阻	
接触器主触点 L3－T3 接通时电阻	

（续表）

接触器检查项目	检 查 结 果
接触器辅助触点 13－14 断开时电阻	
接触器辅助触点 13－14 接通时电阻	

低压断路器检查项目	检 查 结 果
外观检查	
断路器断开时触点 1－2 检查	
断路器断开时触点 3－4 检查	
断路器断开时触点 5－6 检查	
断路器闭合时触点 1－2 检查	
断路器闭合时触点 3－4 检查	
断路器闭合时触点 5－6 检查	

热继电器检查项目	检 查 结 果
外观检查	
NO 触点检查	
NC 触点检查	
主触点 L1 检查	
主触点 L2 检查	
主触点 L3 检查	

安装、调试、故障排查

（1）在下图中完成电器元件布局图。

（2）请根据电气原理图和布局图制定"工作计划"，并在网孔板上进行实物安装。

（3）上电之前检查。

① 对照原理图和已完成的接线顺序描述检查，连接无遗漏。将目测检查结果填入下表。

序号	检 查 项 目	存 在 缺 陷	备　注
1	工作器具装配	是 ○　否 ○	
2	导线连接（绝缘、剥皮、连接等）	是 ○　否 ○	
3	导线的选择与辐射（截面、芯线颜色）	是 ○　否 ○	
4	防止直接接触的保护措施（手指保护）	是 ○　否 ○	

② 用万用表检测。分别测量主回路和控制回路（因为有直流电源，断开 QF2，分段测量），将结果填入下两表。

主回路测量项目	测 量 结 果
L1 对地测量	
L2 对地测量	
L3 对地测量	
相间短路测量，L1 与 L2 测量	
相间短路测量，L1 与 L3 测量	
相间短路测量，L2 与 L3 测量	
相间短路测量，手动按下接触器 KM1 时 L1 与 L2 测量	
相间短路测量，手动按下接触器 KM1 时 L1 与 L3 测量	
相间短路测量，手动按下接触器 KM1 时 L2 与 L3 测量	

控制回路测量项目	测 量 结 果
L 对地测量	
N 对地测量	
回路电阻测量，L 与 N 之间的电阻测量	
断开 QF3 回路电阻测量，手动按下 SB2 时，QF3 下口与直流电源负极之间的电阻测量	
断开 QF3 回路电阻测量，松开 SB2 时，QF3 下口与直流电源负极之间的电阻测量	
断开 QF3 回路电阻测量，手动按下 KM1 时，QF3 下口与直流电源负极之间的电阻测量	
断开 QF3 回路电阻测量，松开 KM1 时，QF3 下口与直流电源负极之间的电阻测量	

根据测量结果判断线路有无短路现象。若有短路现象,将具体情况填入故障排查记录。

（4）通电检测。下表中的上电测试顺序存在错误,请按正确的顺序排列。

工　作　内　容	序　号
送上主回路电源 QF1	A
送上控制回路电源 QF2	B
接主电源线	C
接电动机线	D
按下 SB2,测试电动机	E
送上回路电源 QF3	F
按下 SB1,停止按钮	G
按下 SB1 测试控制回路	H
控制回路正常,按下 SB2	I

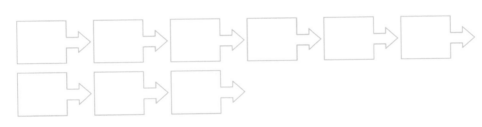

为保证人身与设备安全,要严格执行相关的安全规定。请在教师的监护下完成此项工作。

通电后请对主回路和控制回路的电源电压进行测量,将结果填入下表。

主回路的电源电压测量				
序　号	测量点 1	测量点 2	额定值	测量值	测量值符合 DIN - VDE
					是 ○　　否 ○
					是 ○　　否 ○
					是 ○　　否 ○

控制回路的电源电压测量				
序　号	测量点 1	测量点 2	额定值	测量值	测量值符合 DIN - VDE
					是 ○　　否 ○
					是 ○　　否 ○
					是 ○　　否 ○

（5）故障排查记录。若有故障,请进行排查,并填入下表。

序　号	故　障　现　象	排　查　过　程	解　决　方　法
1			
2			
3			

 巩固练习

1. 请描述一下你在哪里见过电路中的保护元件,它们的作用是什么?
2. 请介绍一下见过的安全用电设备。
3. 选用保护元器件要考虑元器件的哪些参数?
4. 按下表要求填写元器件的名称、文字符号、作用。

图　形　符　号	名　　称	文　字　符　号	在电路中的作用

5. 电动机点动运行和单向连续运行是否都必须要过载保护? 为什么?
6. 请按要求绘制热继电器的图形符号。

　　　　　　　　热元件　　　　　　　　　　　　常闭触点

7. 请绘制电动机自保持运行的电气原理图,并描述其工作原理。

任务三　电动伸缩门开闭控制线路的装调

技能目标

1. 会设计电动机正反转的控制线路。

2. 会设计接触器互锁控制。

3. 能精确测量、切割与安装线槽、导轨,能敷设护套线线路。

4. 能按照电路原理图正确安装导线、按钮、热继电器、接触器等元器件。

5. 能根据故障现象对控制电路进行故障排查。

6. 会选用合适的低压电器元件(限位开关、变压器)。

7. 会检测低压电器(限位开关、变压器)的性能好坏。

8. 能够按照电气原理图检查所需电路元器件的数量、型号、质量是否与图纸要求相符。

知识目标

1. 能简述正反转控制的工作原理,简述互锁的作用和实现方法。

2. 能简述常用低压电器(限位开关、变压器)的工作原理和选配原则。

3. 能根据电路图选择合适元件并画出电气控制的图例符号。

4. 能说出电气原理图的绘制方法和绘制原则。

5. 能根据电路图选择合适元件,并画出电气控制的图例符号。

活动一 分析三相异步电动机正反转工作原理

学前提要

1. 三相异步电动机产生旋转磁场的原理。

2. 三相异步电动机正反转原理分析。

问题导入

三相异步电动机在电气设备中应用很广,有些电气设备始终向一个方向旋转,有些机械需要前进、后退、上升、下降运动。请讨论图 2-39 中机械的运转方向以及运转特点。

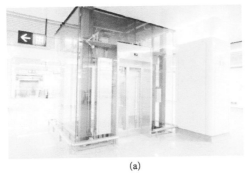

波轮转动,内筒可同时正反旋转

(a)　　　　　　　　　　(b)　　　　　　　　　　(c)

(d)　　　　　　　　　　　　　　　　(e)

图 2-39　各种设备

数据在线

在实际生活以及生产中,有些场合需要机械两个方向的转动,这就要求电动机具有正反转功能。在前面切割机控制线路的检修中学过三相异步电动机的基本原理,现在简单回顾一下其旋转磁场的产生。

三相异步电动机的旋转

在前面学过电动机旋转原理:将对称三相电流通入在空间彼此相差 120° 的星形连接的三线圈。根据电流的磁效应,在三相绕组的空间上就会产生旋转磁场。于是转子导体在这旋转磁场作用下产生感应电流,这个感应电流在磁场中产生转动力矩使转子以速度 n 跟随旋转磁场 n_1 而旋转:

$$n_1 = 60f/p$$

三相异步电动机正反转

旋转方向取决于三相电流的相序。改变旋转方向的方法是改变相序(换接其中任意两相),如图 2-40 所示。

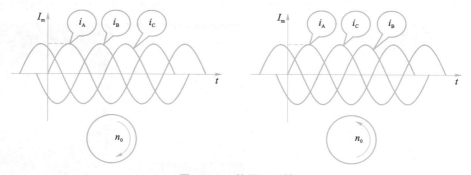

图 2-40　转子正反转

　　三相异步电动机的反转：电动机绕组只要改变电源相序。旋转磁场方向将与原方向相反，它所拖动的转子转向也相反，这样就可以实现电动机反转。

知识考验

（1）请讨论一下：下图左图为正转，在右图空白处怎样连线就能改变 ABC 的相序实现电动机反转。

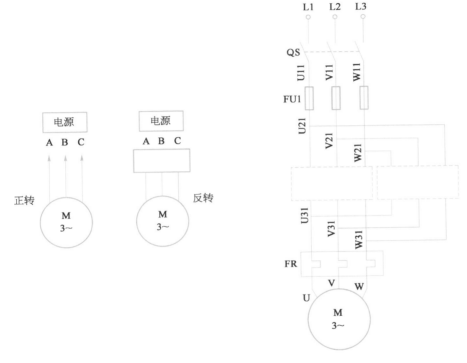

（2）请设计电动机正反转的主回路，对下图的电气原理图主回路补充完整。

（3）比较电动机自锁启动主回路与电动机正反转主回路的异同点（元器件的种类、数量，线路的分支），并填入下表。

相　同　点	不　同　点

活动二   认识接触器的互锁控制

 学前提要

1. 互锁控制。
2. 交流接触器电气原理图。

 问题导入

如图 2 - 41 所示,主回路中接触器 KM1 与 KM2 的常开触点同时闭合,电动机会出现什么情况?

 数据在线

互　锁　控　制

互锁是指几个回路间利用某一回路的辅助触点,去控制对方的线圈回路,进行状态保持或者功能限定。在正反转控制电路中,防止同时启动造成电路短路,而用一条控制线路中的常闭触点串联在另一条控制线路中,当这条线路接通时自动切断另一条控制线路,从而避免事故的发生。

根据电路的需要,在电路中采用两个按钮来控制电动机的正反转。为了避免 KM1、KM2 线圈同时得电动作,在两个电路中分别串入对方接触器的一个常闭辅助触点。当正转接触器 KM1 得电动作时,使 KM2 不能得电动作,反之亦然。这样就保证了电动机的正反转能独立完成。

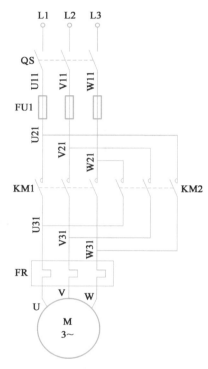

图 2 - 41　电动机正反转主回路

 知识考验

(1) 将下图补充完整,使其完成互锁控制。

(2) 什么是接触器互锁?这个项目有哪些元器件形成的互锁?

(3) 比较电动机自锁控制回路与电动机正反转控制回路的异同点,并填入下表。

(4) 分析上图中控制回路当电动机从正转变为反转时,为何必须先按下停止按钮后才能按反转启动按钮。正在正转时若按下反转按钮会怎样?此电路需要改进的地方有哪些?

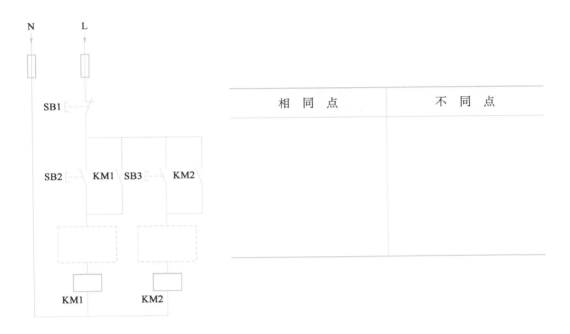

相　同　点	不　同　点

动手操作一　电动伸缩门开闭控制线路的装调

做前提要

1. 控制电动伸缩门开闭线路电气原理图。
2. 元器件的选型、检测、装配、检查。

任务描述

某公司为方便车辆进出，准备申请安装伸缩门（图2-42）。现在需要设计合理的电气原理图，要求在伸缩门控制过程中任意切换前进、后退以及停止等控制要求。

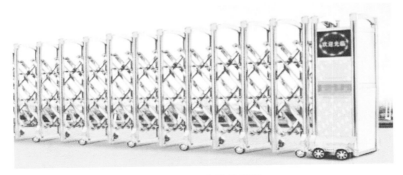

图 2-42　电动伸缩门

工作资料

电动伸缩门项目要求需要安装控制系统,来实现伸缩门的前进和后退,要求控制系统有必要的过载和短路保护。控制要求如下:

(1) 按下控制按钮 SB2,伸缩门前进;按下停止按钮 SB1,伸缩门停止动作。

(2) 按下控制按钮 SB3,伸缩门后退;按下停止按钮 SB1,伸缩门停止动作。

(3) 按下控制按钮 SB2,伸缩门前进;按下控制按钮 SB3,伸缩门由前进变为后退;再次按下控制按钮 SB2,伸缩门又由后退变为前进。

工艺卡片

(1) 请将右图电动机正反转电气控制的控制回路补充完整。

(2) 分析上图中控制按钮 SB2 常闭触点在电路中的作用,以及电气元件 KM2 常闭触点在电路中的作用。

(3) 什么是接触器互锁? 什么是按钮互锁? 接触器、按钮双重互锁电路与接触器互锁有什么不同处?

 任务实施

(1) 分析电气原理图,尝试对下表中的控制原理进行排序。

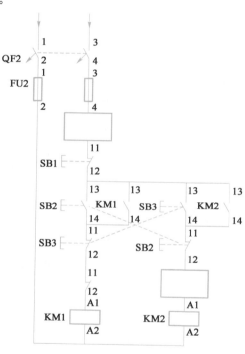

元 器 件 动 作	序　　号
电动机正转	A
电动机反转	B
闭合断路器 QF2	C
按下启动按钮 SB2	D
按下停止按钮 SB1	E
接触器 KM1 线圈得电	F
接触器 KM1 主触点闭合	G
接触器 KM2 线圈得电	H

（续表）

元 器 件 动 作	序 号
接触器 KM2 主触点闭合	I
接触器 KM1 辅助常开触点闭合	J
接触器 KM1 辅助常开触点闭合	K
按下启动按钮 SB3	L
电动机反转	M

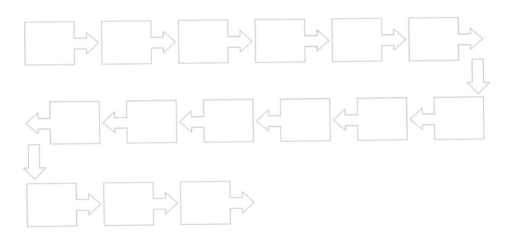

（2）元件的选择和检测。

① 通过阅读资料，对热继电器进行选型，并填入下表。

热继电器型号	整定的电流范围

② 通过阅读资料，对接触器进行选型，并填入下表。

接触器型号	额定电流

③ 通过阅读资料，对接触器辅助触点进行选型，并填入下表。

接触器辅助触点型号	辅助常开触点/辅助常闭触点数量

④ 进行接触器与辅助触点的组装，并将过程填入下表。

安　装　顺　序	工　作　过　程
将接触器固定好	
接触器在断开的状态下进行安装，注意安装方向	
手动测试接触器与辅助触点，是否能正常动作	

⑤ 进行低压断路器的检查，并将结果填入下表。

检　查　项　目	检　查　结　果
外观检查	
断路器断开时触点 1 – 2 检查	
断路器断开时触点 3 – 4 检查	
断路器断开时触点 5 – 6 检查	
断路器闭合时触点 1 – 2 检查	
断路器闭合时触点 3 – 4 检查	
断路器闭合时触点 5 – 6 检查	

⑥ 进行接触器的检查，并将结果填入下表。

检　查　项　目	检　查　结　果
外观检查	
活动组件检查	
线圈电压	
线圈电阻	
接触器主触点 L1 – T1 断开时电阻	
接触器主触点 L1 – T1 接通时电阻	
接触器主触点 L2 – T2 断开时电阻	
接触器主触点 L2 – T2 接通时电阻	
接触器主触点 L3 – T3 断开时电阻	
接触器主触点 L3 – T3 接通时电阻	
接触器主触点 L3 – T4 断开时电阻	
接触器主触点 L3 – T4 接通时电阻	

⑦ 进行热继电器的检查,并将结果填入下表。

检 查 项 目	检 查 结 果
外观检查	
NO 触点检查	
NC 触点检查	
主触点 L1 检查	
主触点 L2 检查	
主触点 L3 检查	

(3) 安装、调试、故障排查。

① 请设计布局图。

② 请根据电气原理图和布局图填写"工作计划",并在网孔板上进行实物安装,完成安装后,填写"验收与评价"。

为保证人身与设备安全,要严格执行相关的安全规定。请在教师的监护下完成此项工作。

③ 上电前检查。

对照原理图和已完成的接线顺序进行目测检查,连接无遗漏,并将结果填入下表。

序　号	检 查 项 目	存 在 缺 陷	备　注
1	工作器具装配	是 ○　否 ○	
2	导线连接(绝缘、剥皮、连接等)	是 ○　否 ○	
3	导线的选择与辐射(截面、芯线颜色)	是 ○　否 ○	
4	防止直接接触的保护措施(手指保护)	是 ○　否 ○	

用万用表检测,测量主回路与控制回路是否存在短路或断路,并将结果分别填入下两表。

主回路测量项目	测 量 结 果
L1 对地测量	
L2 对地测量	
L3 对地测量	
相间短路测量,L1 与 L2 测量	
相间短路测量,L1 与 L3 测量	
相间短路测量,L2 与 L3 测量	
相间短路测量,手动按下接触器 KM1 时 L1 与 L2 测量	
相间短路测量,手动按下接触器 KM1 时 L1 与 L3 测量	
相间短路测量,手动按下接触器 KM1 时 L2 与 L3 测量	
相间短路测量,手动按下接触器 KM2 时 L1 与 L2 测量	
相间短路测量,手动按下接触器 KM2 时 L1 与 L3 测量	
相间短路测量,手动按下接触器 KM2 时 L2 与 L3 测量	

控制回路测量项目	测 量 结 果
L 对地测量	
N 对地测量	
回路电阻测量,L 与 N 之间的电阻测量	
回路电阻测量,手动按下 SB2 时,L 与 N 之间的电阻测量	
回路电阻测量,手动按下 SB3 时,L 与 N 之间的电阻测量	
回路电阻测量,手动按下 KM1 时,L 与 N 之间的电阻测量	
回路电阻测量,手动按下 KM2 时,L 与 N 之间的电阻测量	

根据测量结果判断线路有无短路现象。若有短路现象,将具体情况填入故障排查记录。

④ 通电检测。下表中的上电测试顺序存在错误,请按正确的顺序排列。

工 作 内 容	序 号
送上主回路电源	1
送上控制回路电源	2
接主电源线	3

（续表）

工 作 内 容	序 号
接电动机线	4
按下 SB2,测试电动机正转	5
按下 SB3,测试电动机反转	6
按下 SB1,停止动作	7
FR 动作,停止运行	8

正确的顺序：

⑤ 故障排查记录。

序 号	故 障 现 象	排 查 过 程	解 决 方 法
1			
2			
3			
4			
5			
6			

活动三　认识限位开关、变压器

学前提要

1. 了解限位开关用途、工作原理。
2. 变压器的作用。

问题导入

（1）在电动伸缩门的控制中,当门开到最大时如果没有及时按下停止按钮,伸缩门会怎样?

（2）目前世界各国供电电压有两大类,美国、加拿大、日本用的是 110 V,我国、英国等用的是 220 V。那么如果带我国制造的手机去日本、美国等国旅游,必须要带什么?

数据在线 1

限位开关又称行程开关,是一种常用的小电流主令电器。利用机械运动部件的碰撞使其触点动作来实现接通或分断控制电路,达到一定的控制目的。通常这类开关被用来限制机械运动的位置或行程,使运动机械按一定位置或行程自动停止、反向运动、变速运动或自动往返运动等。

限位开关的工作原理

限位开关是一种根据运动部件的行程位置而切换电路的电器,因为将限位开关安装在预先安排的位置,当机械运动部件上的模块撞击限位开关时,限位开关的触点动作,实现电路的切换。

知识考验 1

限位开关及相关参数如图 2‑43、图 2‑44 所示。根据图上的相关信息填写下表。

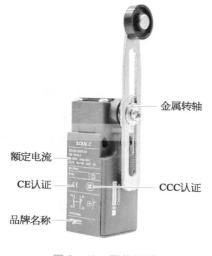

名称	限位开关	防护等级	IP62
型号	LX19K‑B	电流	5A
电压	380 VAC/220 VDC	触点	一开一闭
操作方式	无滚轮传动杆自复位	操作频率	1 200 次/h
产品认证	CCC/CE 认证	质保	2 年

图 2‑43 限位开关

图 2‑44 LX19K‑B 限位开关的参数性能

产品名称	认 证	额定电压	额定电流	型 号	操作方式

数据在线 2

变 压 器

变压器(图 2‑45、图 2‑46)在生产生活中应用广泛。变压器是利用电磁感应的原理来改变交流电压的装置,主要构件是初级线圈、次级线圈和铁心(磁心)。主要功能有电压变换、电流变换、阻抗变换、隔离、稳压(磁饱和变压器)等。按用途可以分为电力变压器和特殊变压器。

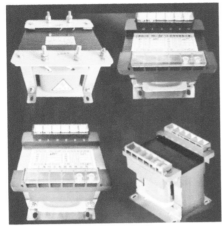

图 2-45 变压器

图 2-46 电源变压器外形

变压器内部结构如图 2-47 所示，线圈有两个或两个以上的绕组，其中接电源的绕组叫初级线圈，其余的绕组叫次级线圈。它可以变换交流电压、电流和阻抗。变压公式如下：

$$N_1/N_2 = U_1/U_2$$

式中　N_1——初级线圈匝数；

　　　N_2——次级线圈匝数；

　　　U_1——一次侧电压；

　　　U_2——二次侧电压。

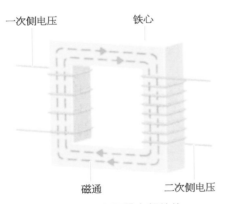

图 2-47 变压器内部结构

图 2-48 电源变压器实物参数

 知识考验 2

（1）请根据图 2-48 中所给信息来完成下表的填写。

产品名称	输入电压	输出电压	额定功率	额定频率	认　证

（2）在任务三"电动伸缩门开闭控制线路的装调"中，如果交流接触器的额定电压是110 V，那么加一个什么常用电气元件才能完成电路的匹配安装？

动手操作二　电动伸缩门开闭控制线路的装调（带限位控制）

做前提要

1. 带限位控制的电动伸缩门开闭线路电气原理图。
2. 元器件的选型、检测、装配、检查。

任务描述

在前面电动伸缩门开闭控制电路中，可以实现正反转自由控制，但是门开（关）到最大位置还继续运行，不能自动停止。请大家设计满足到最大位置后能自动停止的控制线路。

工作资料

请参考限位开关的作用，设计如下电路：

电动伸缩门项目要求需要安装控制系统，来实现伸缩门的前进和后退，伸缩门到一定位置后自动停止，并要求控制系统有必要的过载和短路保护。

控制要求如下：

（1）按下控制按钮 SB2，伸缩门前进；按下停止按钮 SB1，伸缩门停止动作。

（2）按下控制按钮 SB3，伸缩门后退；按下停止按钮 SB1，伸缩门停止动作。

（3）按下控制按钮 SB2，伸缩门前进；按下控制按钮 SB3，伸缩门由前进变为后退；再次按下控制按钮 SB2，伸缩门又由后退变为前进。

（4）伸缩门在前进或者后退到位后，自动停止。

知识考验

带限位开关的电动伸缩门开闭控制线路与任务三中电动伸缩门开闭控制线路最大的区别是什么？

工艺卡片

请将下图补充完整,设计出带限位控制的电动伸缩门开闭电气原理图,并试着分析其工作原理。

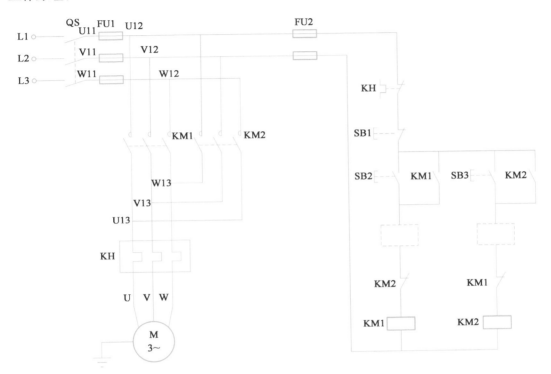

任务实施

1. 元件的选择和检测

(1)通过阅读资料,对限位开关进行选型,并填入下表。

限位开关型号	额定电压	额定电流	触点数量

(2)进行限位开关的检测,并将结果填入下表。

检 查 项 目	检 查 结 果
外观检查	
限位开关压片检查	

(续表)

检 查 项 目	检 查 结 果
按下限位开关压片常开触点电阻	
按下限位开关压片常闭触点电阻	
放开限位开关压片常开触点电阻	
放开限位开关压片常闭触点电阻	

2．安装、调试、故障排查

（1）请设计布局图。

（2）请根据电气原理图和布局图填写"工作计划"，并在网孔板上进行实物安装，完成安装后，填写"验收与评价"。

为保障人身与设备安全，要严格执行相关的安全规定。请在教师的监护下完成此项工作。

（3）上电前检查。

① 对照原理图和已完成的接线顺序进行目测检查，连接无遗漏，并将结果填入下表。

序　号	检 查 项 目	存 在 缺 陷	备　注
1	工作器具装配	是 ○　否 ○	
2	导线连接（绝缘、剥皮、连接等）	是 ○　否 ○	
3	导线的选择与辐射（截面、芯线颜色）	是 ○　否 ○	
4	防止直接接触的保护措施（手指保护）	是 ○　否 ○	

② 用万用表检测。测量主回路与控制回路是否存在短路或断路，并将结果分别填入下两表。

主回路测量项目	测 量 结 果
L1 对地测量	
L2 对地测量	
L3 对地测量	
相间短路测量，L1 与 L2 测量	
相间短路测量，L1 与 L3 测量	
相间短路测量，L2 与 L3 测量	
相间短路测量，手动按下接触器 KM1 时 L1 与 L2 测量	
相间短路测量，手动按下接触器 KM1 时 L1 与 L3 测量	
相间短路测量，手动按下接触器 KM1 时 L2 与 L3 测量	
相间短路测量，手动按下接触器 KM2 时 L1 与 L2 测量	
相间短路测量，手动按下接触器 KM2 时 L1 与 L3 测量	
相间短路测量，手动按下接触器 KM2 时 L2 与 L3 测量	

控制回路测量项目	测 量 结 果
L 对地测量	
N 对地测量	
回路电阻测量，L 与 N 之间的电阻测量	
回路电阻测量，手动按下 SB2 时，L 与 N 之间的电阻测量	
回路电阻测量，手动按下 SB3 时，L 与 N 之间的电阻测量	
回路电阻测量，手动按下 KM1 时，L 与 N 之间的电阻测量	
回路电阻测量，手动按下 KM2 时，L 与 N 之间的电阻测量	

根据测量结果判断线路有无短路现象。若有短路现象，将具体情况填入故障排查记录。

（4）故障排查记录。

序 号	故障现象	排查过程	解决方法
1			
2			
3			
4			
5			
6			

 巩固练习

1. 有一个电动机型号为 Y‑132‑M‑4,请问这个电动机的旋转磁场的转速为多少? 如果电动机轴的转速 $n＝1\,440\ \text{r/min}$,那么转差率为多少?

2. 怎样使三相异步电动机反转? 请画出电动机正反转主回路控制电路,并简单分析。

3. 什么是电气互锁(联锁)? 为什么要使用电气互锁?

4. 请查阅元器件相关资料,并填写下表。

图 形 符 号	名 称	文 字 符 号	在电路中的作用
TC			
SQ SQ SQ 常开触点 常闭触点 复合触点			

5. 请分析图 2‑49 中三个控制回路的工作原理,并说出它们之间的异同点。

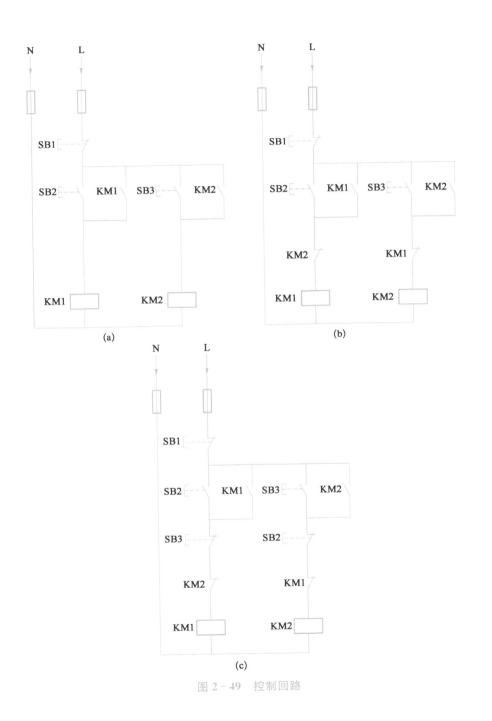

图 2 - 49　控制回路

任务四 大功率风机控制线路的装调

知识目标

1. 能概括降压启动的方法。
2. 能记忆时间继电器的符号、选型和使用方法。
3. 能记忆电动机断路器的选型和使用方法。
4. 能说明Y-△降压启动控制线路的工作原理。
5. 能说明Y-△降压启动电路的作用及适用条件。

活动一 认识时间继电器

学前提要

1. 认识时间继电器。
2. 认识电动机断路器。

问题导入

（1）日常生活中早起是用什么设备作为辅助的？这些设备具有哪些功能？
（2）日常生活中还有哪些是有延时控制的？

数据在线 1

时 间 继 电 器

时间继电器（图2-50）是一种利用电磁原理或机械动作及电子技术原理来实现触点延时闭合或分断的自动控制电器，是从得到输入信号（线圈通电或断电）起，经过一段时间延时后才动作的继电器。

按其工作原理的不同，时间继电器可分为空气阻尼式时间继电器、电动式时间继电器、电磁式时间继电器、电子式时间继电器等；根据其延时方式的不同，又可分为通电延时型和断电延时型两种。

图 2 - 50　时间继电器

 知识考验 1

（1）查找相关资料，将下表中的序号填到下图正确的位置上。

名　称	时间范围调节	电路图	型　号	控制电压	额定电压/额定电流
序　号	1	2	3	4	5

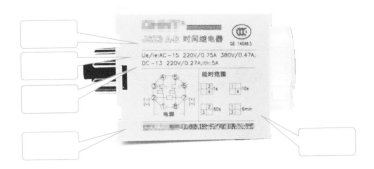

（2）查找相关资料，根据下图提供的信息完成下表的填写。

端子号	作　用	测量结果	绘制图形符号
端子 1、3			
端子 1、4			
端子 2、7			

数据在线 2

电动机断路器

电动机断路器(图2-51)是集成了普通空气断路器、熔断器、热继电器的保护作用,专门用于控制小容量电动机的保护装置。由于其安装方便、操作简单、功能强大、节省空间,在实际生产中得到了广泛的应用。由于分断能力较同等级的熔断器差很多,所以在较大电流的使用过程中常与熔断器配合使用。

图2-51 电动机断路器

 知识考验 2

查找相关资料,将下表中的序号填到下图正确的位置上。

名　称	整定电流调节旋钮	启动按钮	停止按钮	测试按钮	进线口	出线口
序　号	1	2	3	4	5	6

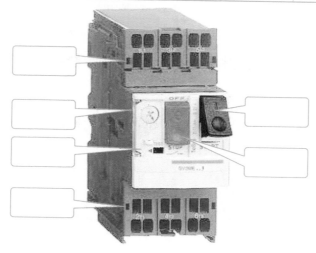

活动二 分析Y-△降压启动的工作原理

学前提要

1. 降压启动。
2. Y-△降压启动的原理分析。

问题导入

（1）生活中若电动摩托车快没电了会怎么样？

（2）小明家里新买了一台三匹空调，当空调运行时，发现家里的日光灯变暗了，这是由什么原因造成的？

（3）学校合作的某企业一生产车间新买了一台风机（图2-52）功率较大，请思考一下，是否可以允许电动机直接启动？为什么？

图2-52 风机

数据在线

降 压 启 动

之前所学习的各种控制线路在启动时，加在电动机定子绕组上的电压为电动机的额定电压，属于全压启动，也称直接启动。

直接启动的优点有电气设备少、线路简单、维修量较小；缺点有启动电流很大，一般为额定电流的4~7倍。

一般规定电源容量在180 kV·A以上、电动机容量在7 kW以下的三相异步电动机可采用直接启动；凡不满足直接启动条件的，均须采用降压启动。

知识考验

（1）查找信息页，将下表中的序号填到正确的位置上。

_____是指利用启动设备将电压适当降低后加到电动机的定子绕组上进行启动，待电动机启动运转后，再使其电压恢复到额定值正常运转。主要目的是降低_____，从而降低线路电压降，降低_____。

序　号	A	B	C	D
名　称	降压启动	直接启动	启动电压	启动电流

（2）直接启动的条件是（　　）。

A. 电源容量在 180 kV·A 以上，电动机容量在 7 kW 以下

B. 电源容量在 180 kV·A 以上，电动机容量在 6 kW 以下

C. 电源容量在 160 kV·A 以上，电动机容量在 7 kW 以下

D. 电源容量在 160 kV·A 以上，电动机容量在 6 kW 以下

（3）Y-△降压启动，电动机启动时接成Y形，加在每相定子绕组上的启动电压只有△形接法的（　　）。

A. $\dfrac{1}{2}$　　　　B. $\dfrac{1}{3}$　　　　C. $\dfrac{1}{\sqrt{2}}$　　　　D. $\dfrac{1}{\sqrt{3}}$

（4）根据下图的要求绘制电动机定子绕组的连接线。

U1　V1　W1　　　　　　　　　U1　V1　W1
○　○　○　　　　　　　　　　○　○　○
○　○　○　　　　　　　　　　○　○　○
W2　U2　V2　　　　　　　　　W2　U2　V2

　　（a）星形　　　　　　　　　　　　（b）三角形

（5）利用交流接触器主触点在下图中将电动机绕组接成星形连接和三角形连接。

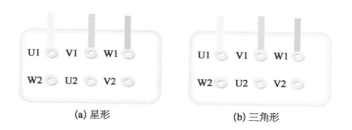

（a）星形　　　　　　　　　　　　（b）三角形

（6）认真识读图 2-53，完成以下问题。

① 查找信息页，下图所示的是通电延时型还是断电延时型时间继电器？

② 查找信息页，将下表中的序号填到正确的位置上。

启动时电动机以（　　）接线方式启动，电动机（　　）（　　）运行，当电动机电流稳定后，电动机接线由（　　）转换为（　　），电动机启动结束。

名　称	低转矩	低电流	星　形	三角形	星　形
序　号	1	2	3	4	5

③ 查找信息页，将下表中的序号填到正确的位置上。

主回路中当（　　）和（　　）接触器的主触点闭合，电动机以（　　）方式运行，当

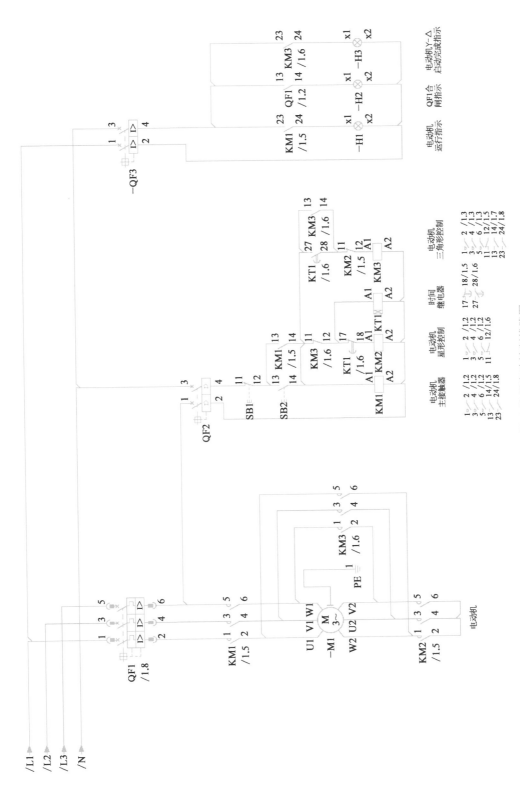

图 2 - 53 Y-△降压启动控制线路图

( )和( )接触器的主触点闭合,电动机以( )方式运行。

名 称	KM1	KM1	KM2	KM3	星 形	三角形
序 号	1	2	3	4	5	6

④ 分析控制线路,完成下表的填写。

电 器 元 件		在电路图中的作用
KM2 常闭触点		
KM3 常闭触点		
三盏指示灯	H1	
	H2	
	H3	
KT1 时间继电器		
电动机断路器		

⑤ 分析Y-△降压启动的工作原理,并完成下表的排序。

元 器 件 动 作	序 号	正 确 排 序
电动机星形连接转动	A	
电动机三角形连接转动	B	
电动机停止	C	
闭合断路器 QF1、QF2	D	
按下启动按钮 SB2	E	
按下停止按钮 SB1	F	
接触器 KM1、KM2、KT1 线圈得电	G	
接触器 KM1、KM2 主触点闭合	H	
闭合断路器 QF3	I	
KT1 计时时间到	J	
接触器辅助常开触点闭合	K	
接触器 KM2 触点断开,KM3 触点闭合	L	

动手操作　大功率风机控制线路的装调

做前提要

1. 电动机断路器选型。
2. 时间继电器选型。
3. 元件安装及线路敷设工艺。

任务描述

车间安装一台大功率风机,需要为其安装Y-△降压启动来减少启动时对电网的影响,有必要的过载、短路保护。电动机参数如图2-54所示。

三相异步电动机			
型号：Y180L-4		出厂编号 0533	
22 kW	1 440 r/min	42.5 A	
380 V	50 Hz　防护等级 IP44	200 kg	接法△
B级绝缘	噪声 LW82 dB(A)	工作制 S1	
		2005/12/01	
××电机控制配套厂			

图 2-54　电动机参数

控制要求如下:

(1) 按下控制按钮 SB2,风机以星形接法低电流、低力矩启动,时间继电器 KT1 计时 7 s,风机切换为三角形接法,正常运转。

(2) 按下控制按钮 SB1,风机停止运行。

(3) 安装运行指示、断路器状态指示。

知识考验

(1) 查找信息页,完成电动机断路器的选型。

① 将电动机铭牌的技术参数填入下表。

名　称	电动机型号	额定电压	额定电流	工作方式	功　率	接线方式	转　速
参　数							

② 将电动机断路器的参数填入下表。

名　称	额定电流	额定电压	整定电流范围	电动机断路器型号
参　数				

③ 完成电动机断路器的通断测量,并完成下表的填写。

测 量 项 目	测量的端子号	测 量 结 果
接通时主触点 1		
接通时主触点 2		
接通时主触点 3		
断开时主触点 1		
断开时主触点 2		
断开时主触点 3		

（2）安装辅助触点到断路器上,测试与断路器的配合,写出注意事项（参考信息页）。

（3）测量辅助触点的通断,理解断路器辅助触点的作用,并完成下表的填写。

测 量 项 目	测 量 结 果
断路器接通时辅助触点通断测量	
断路器断开时辅助触点通断测量	

（4）查找信息页,完成时间继电器的选型,并完成下表的填写。

名　称	线圈电压	延时时间	延时类型	时间继电器型号
参　数				

 工艺卡片

JSZ3 系列时间继电器的时间整定及使用注意事项

图 2 - 55 是 JSZ3 系列时间继电器。

1. 延时范围的选择及设定

（1）将旋钮顺时针旋到底。

（2）拔出透明旋钮。

（3）取出两张标牌。

（4）根据产品左侧面的时间设定图标,将时间开关拨至相应的位置（如 2、4）。

（5）装标牌,将最大刻度为1 s的一面装在可见面。

（6）盖上透明旋钮,要求旋钮上的小缺口与标牌最大值刻度线成约18°的夹角。

图2 - 55　JSZ3系列时间继电器　　　　图2 - 56　GV2系列电动机断路器

2. 时间继电器的使用注意事项

（1）接通电源前需检查电源电压是否与产品额定控制电压相符合,直流型不得将电源正负极接反。

（2）必须按接线图正确接线,触点电流不允许超过额定工作电流。

GV2 系列电动机断路器的安装注意事项

GV2系列电动机断路器如图2 - 56所示。

（1）电动机断路器要垂直安装,且在安装前应先检查断路器铭牌上所列的技术参数是否符合使用要求。

（2）通电前应人工操作几次断路器,其机构动作应灵活可靠,无阻滞现象。按下闭合按钮,电路处于接通状态;按下断开按钮,电路处于断开状态。

（3）使用过程中,应对断路器进行定期检查(一般为一个月),通过拨动测试按钮进行测试,即在断路器合闸通电状态,断路器应可靠断开。

（4）当断路器因线路发生过载、短路故障而断开时,应先排除故障后再使断路器重新合闸。

（5）使用电流调节旋钮,须按线路实际电流调节至相应位置,勿超负荷使用。

 任务实施

元 件 的 检 测

（1）完成接触器的检查,并完成下表的填写。

检查项目	名称		
	KM1	KM2	KM3
外观检查			
活动组件的检查			
线圈的电压			
线圈的频率			
线圈的电阻			
接触器主触点 L1－T1 断开时电阻			
接触器主触点 L1－T1 接通时电阻			
接触器主触点 L2－T2 断开时电阻			
接触器主触点 L2－T2 接通时电阻			
接触器主触点 L3－T3 断开时电阻			
接触器主触点 L3－T3 接通时电阻			
接触器辅助触点 13－14 断开时电阻			
接触器辅助触点 13－14 接通时电阻			

（2）完成电动机断路器的检查，并完成下表的填写。

检查项目	名称		
	QF1	QF2	QF3
外观检查			
断路器断开时触点 1－2 测量检查			
断路器断开时触点 3－4 测量检查			
断路器断开时触点 5－6 测量检查			
断路器闭合时触点 1－2 测量检查			
断路器闭合时触点 3－4 测量检查			
断路器闭合时触点 5－6 测量检查			

安装、调试、故障排查

（1）请根据控制要求，绘制Y-△降压启动控制线路图和接线图，填写"工作计划"，并按图 2－57 的布局，在网孔板上进行实物安装和接线，完成任务后填写"验收与评价"。

（2）上电前检查。

① 对照原理图和已完成的接线顺序目测检查，并完成下表的填写。

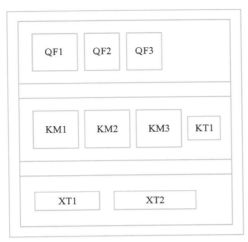

图 2 – 57 降压启动接线布局

序　号	检　查　项　目	存　在　缺　陷	备　　注
1	工作器具装配	是 ○　否 ○	
2	导线连接（绝缘、剥皮、连接等）	是 ○　否 ○	
3	导线的选择与辐射（截面、芯线颜色）	是 ○　否 ○	
4	防止直接接触的保护措施（手指保护）	是 ○　否 ○	

② 用万用表测量电路是否存在短路或断路，并完成下表的填写。

主回路测量项目	测　量　结　果
L1 对地测量	
L3 对地测量	
相间短路测量，L1 与 L2 测量	
相间短路测量，L1 与 L3 测量	
相间短路测量，L2 与 L3 测量	
相间短路测量，手动按下接触器 KM1 时 L1 与 L2 测量	
相间短路测量，手动按下接触器 KM1 时 L1 与 L3 测量	
相间短路测量，手动按下接触器 KM1 时 L2 与 L3 测量	

③ 用万用表检测图 2-58 中的虚线框部分，并完成下表的填写。

控制回路测量项目	测　量　结　果
L 对地测量	
N 对地测量	
线圈 A2 接线的检查	

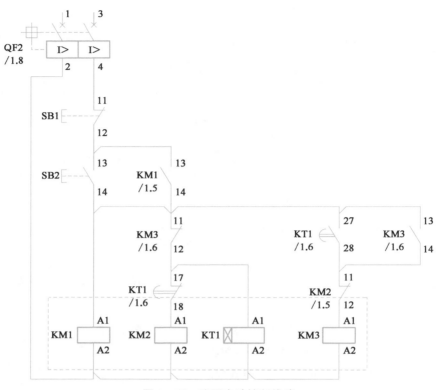

图 2－58　降压启动控制线路

（3）通电检查。

① 下表中的上电接线顺序存在错误，请按正确的顺序排列。

元 器 件 动 作	序　号	正 确 排 序
闭合断路器 QF1，测量主回路电压	A	
闭合断路器 QF2，测量控制回路电压	B	
按下启动按钮	C	
按下停止按钮	D	
闭合断路器 QF3，测试断路器信号反馈，按下断路器测试按钮	E	
断开断路器电源，停电，验电	F	
连接电动机	G	
闭合所有断路器开关	H	
启动电动机测试	I	
通过测试，调节时间继电器的整定时间	J	

② 分别测量主回路的电源电压和控制回路的电源电压，并完成下表的填写。

主回路的电源电压测量

序　号	测量点 1	测量点 2	额定值	测量值	测量值符合 DIN - VDE
					是 ○　　否 ○
					是 ○　　否 ○
					是 ○　　否 ○
					是 ○　　否 ○
					是 ○　　否 ○

控制回路的电源电压测量

序　号	测量点 1	测量点 2	额定值	测量值	测量值符合 DIN - VDE
					是 ○　　否 ○
					是 ○　　否 ○
					是 ○　　否 ○
					是 ○　　否 ○
					是 ○　　否 ○
					是 ○　　否 ○

（4）将所检测到的故障现象、排查过程及解决方法填入下表的故障排查记录。

序　号	故 障 现 象	排 查 过 程	解 决 方 法
1			
2			
3			

 巩固练习

1. 写出Y-△降压启动的条件。
2. 写出Y-△降压启动的工作原理。
3. 结合图 2 - 59 的电路分析接触器 KM2 与 KM3 能否同时得电，并分析原因。
4. 说明时间继电器在电路中的作用。
5. 说明电动机断路器在电路中的作用。

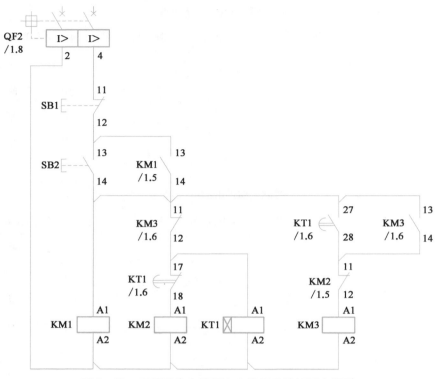

图 2‑59　三相异步电动机Y‑△降压启动控制电路图

学习情境三 PLC 控制系统的装调

情境描述

可编程逻辑控制器(programmable logic controller，PLC)专门为工业环境而设计，其本质上是一台计算机，更多地运用于工业环境(图3-1)。PLC 广泛应用于钢铁、石油、化工、电力、建材、机械制造、汽车、轻纺、交通运输、环保及文化娱乐等各个行业。凡是有工业控制的地方就几乎有 PLC。本情境要求学生能认识常用的软继电器，学会 PLC 编程语言，完成各类控制要求。

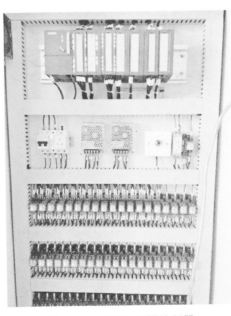

图 3-1 可编程逻辑控制器

任务一　自动开关门 PLC 控制系统的装调

技能目标

1. 能根据自动门开闭 PLC 控制要求制定 PLC 梯形图和指令语句表。
2. 能正确选择 PLC 机型。
3. 能正确绘制电动门开闭 PLC 控制外部控制电路图。
4. 能完成控制柜内电器元件的安装。
5. 会正确安装传感器和限位开关。
6. 能完成外部线路敷设。
7. 能正确选择超声波传感器的型号。
8. 能使用编程软件输入、调试运行程序。
9. 能完成直流电动机正反转接线。

知识目标

1. 会简述 PLC 基本组成和工作过程。
2. 会简述 PLC 编程元件的种类与应用。
3. 会简述 FX3U 系列 PLC 的外部结构和型号含义。
4. 会描述 PLC 的编程语言及编程规则。
5. 会描述编程软件(GX Developer)的使用方法和菜单功能。
6. 会简述基本指令的使用方法。
7. 会简述超声波传感器的种类、功能和应用场合。
8. 会简述直流电动机与交流电动机的区别。
9. 会简述直流电动机的反转原理。

活动一　认识 FX3U 可编程控制器

学前提要

1. PLC 定义。
2. PLC 结构。
3. PLC 工作原理。

问题导入

在学习情境二中已经学习过继电控制,但如果要实现自动控制的话,就要用到其他的控制方式,比如 PLC 控制、单片机控制、嵌入式系统以及现在发展很快的智能控制等。而 PLC 控制是占有市场使用率最高的控制方式之一,并且多用于大型的加工制造方面。如图 3-2 所示为某种 PLC。

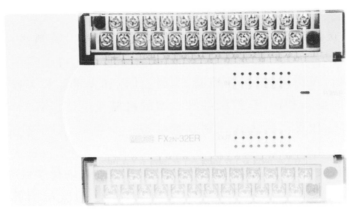

图 3-2　PLC 外形图

数据在线 1

初识 PLC

PLC 是专为工业生产设计的一种数字运算操作的电子装置,它采用一类可编程的存储器,用于其内部存储程序,执行逻辑运算、顺序控制、定时、计数与算术操作等面向用户的指令,并通过数字或模拟式输入/输出控制各种类型的机械或生产过程,是工业控制的核心部分。

1968 年美国通用汽车公司(GM)为了适应汽车型号不断更新、生产工艺不断变化的需要,实现小批量、多品种生产,希望能有一种新型的工业控制器,它能做到尽可能减少重新设计和更换继电器控制系统及接线,以降低成本、缩短周期。

GM 公司提出以下十项设计标准:

(1)编程简单,可在现场修改程序。

(2)维护方便,采用模块式结构。

(3)可靠性高于继电器控制柜。

(4)体积小于继电器控制柜。

(5)成本可与继电器控制柜竞争。

（6）可将数据直接送入计算机。

（7）可直接使用市电交流输入电压。

（8）输出采用市电交流电压，能直接驱动电磁阀、交流接触器等。

（9）通用性强，扩展方便。

（10）能存储程序，存储器容量可以扩展到4KB。

1969年美国数字设备公司（DEC）研制出第一台PLC，并在GM公司汽车自动装配线上试用，获得成功。这种新型的电控装置由于优点多、缺点少，很快就在美国得到了推广应用。

国际电工委员会（IEC）颁布了对PLC的规定：可编程控制器是一种数字运算操作的电子系统，专为在工业环境下应用而设计。它采用可编程序的存储器，用来在其内部存储执行逻辑运算、顺序控制、定时、计数和算术运算等操作的指令，并通过数字的、模拟的输入和输出，控制各种类型的机械或生产过程。可编程序控制器及其有关设备都应按易于与工业控制系统形成一个整体，易于扩充其功能的原则设计。

PLC已基本替代了传统的继电器控制系统，成为工业自动化领域中最重要、应用最多的控制装置，居工业生产自动化三大支柱（可编程控制器、机器人、计算机辅助设计与制造）的首位。

PLC程序既有生产厂家的系统程序，又有用户自己开发的应用程序，系统程序提供运行平台，同时还为PLC程序可靠运行及信息与信息转换进行必要的公共处理。用户程序由用户按控制要求设计。

 知识考验 1

（1）根据以往所学知识，结合所查阅的资料，归纳继电控制的缺点和相应的PLC控制的优点，填入下表（至少写出三条）。

序　号	继电控制的缺点	PLC控制的优点
1		
2		
3		
4		

（2）通过查阅资料，写出欧洲以及美国、日本和我国的PLC主要品牌，至少各写出两个。

数据在线 2

PLC 的组成和工作过程

一般来讲,PLC 分为整体式和模块式两种,其输入输出(I/O)能力可按用户需要进行扩展与组合,通常由主机、输入/输出接口、电源扩展器接口和外部设备接口等几个主要部分组成。

输入接口电路采用带光电隔离电路及滤波器,有多种输入接口电路,如直流输入单元和交流输入单元。

输出接口电路采用带光电隔离器及滤波器,有多种输出方式,如继电器、晶体管、双向晶闸管输出。晶体管输出又分为 PNP 输出和 NPN 输出两种。

PLC 采用周期循环扫描的工作方式,工作模式分为停止模式(STOP)和运行模式(RUN),工作过程分为自诊断、通信处理、输入采样、程序扫描、输出刷新几个阶段。

扫描周期是从开始到输出结果完成所需的时间,一般为几毫秒至几十毫秒。

知识考验 2

(1) 请将下面的 PLC 基本结构框图补充完整。

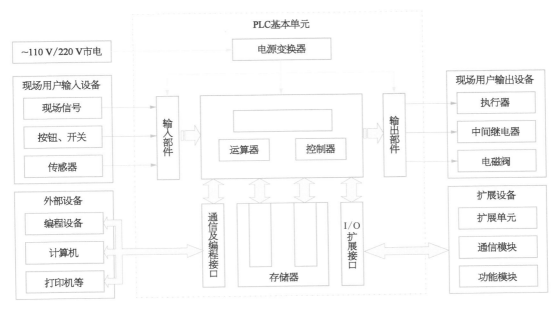

(2) 请解释 FX3U - 64MT/ES 型号的含义(参考信息页)。

(3) 请将下图的 PLC 工作过程填写完整。

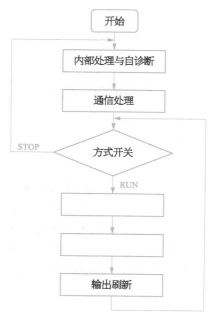

（4）写出下图中 PLC 的各部分名称。

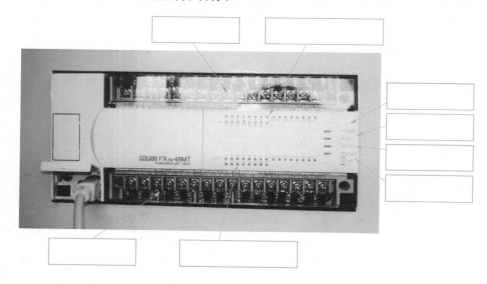

活动二　使用 PLC 编程语言和编程软件

学前提要

1. PLC 编程语言。
2. PLC 编程元件。
3. GX 编程软件。

问题导入

如果用 Office 软件做一张表格或者一个文档，用的是什么软件？

作为工业计算机的 PLC，它完成对一台电动机的控制过程如图 3-3 所示。

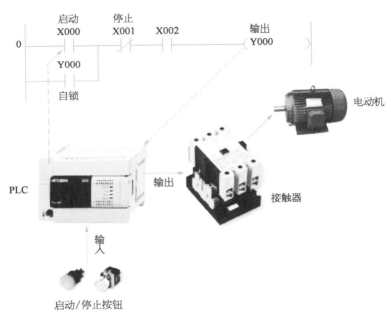

图 3-3　PLC 控制过程

数据在线 1

编 程 语 言

PLC 有五种标准编程语言：梯形图语言（LD）、指令表语言（IL）、功能模块语言（FBD）、顺序功能流程图语言（SFC）、结构文本化语言（ST）。初学时，以梯形图语言和指令表语言最为常用。

FX 系列 PLC 的编程元件分别称为继电器、定时器、计数器等，但它们与真实元件有很大的差别，一般称它们为"软继电器"。

PLC 编程元件

（1）输入继电器（X）。PLC 的输入端子是从外部开关接收信号的窗口，按八进制输入。

（2）输出继电器（Y）。PLC 的输出端子是向外部负载输出信号的窗口。输出继电器的线圈由程序控制,八进制输出。

(3)辅助继电器(M)。也称中间继电器,它没有向外的任何联系,只供内部编程使用。

(4)定时器(T)。在 PLC 内的定时器是根据时钟脉冲的累积形式,当所计时间达到设定值时,其输出触点动作。定时器可以用用户程序存储器内的常数 K 作为设定值,也可以用数据寄存器(D)的内容作为设定值(详见信息页)。

 知识考验 1

(1)请在下表中绘制以下元器件的电气符号和 PLC 符号。

元器件名称	电 气 符 号	PLC 符号
线圈		
常开触点		
常闭触点		

(2)I/O 分配表如下,试按照要求完成控制,绘制梯形图,要求只有当两个开关均闭合时,指示灯才能亮;分别用自锁按钮和非自锁按钮完成。

输　　入		输　　出	
设　　备	输入地址	设　　备	输出地址
开关 1	X0	指示灯	Y0
开关 2	X1		

 数据在线 2

GX Developer 编程仿真软件

GX Developer 编程仿真软件将程序输入到 PLC 中有两种方法:GX 编程软件(利用电脑进行学习)和手持编程器。

在 PLC 与电脑之间必须有接口单元及缆线。接口单元有 FX‑232AWC 型 RS‑232C/RS‑422 转换器(便携式)、FX‑232AW 型 RS‑232C/RS‑422 转换器(内置式)。

当写完梯形图,最后写上 END 语句后,必须进行程序转换,只有当梯形图转换完毕后,才能进行程序的传送。

知识考验 2

（1）将下图所示的梯形图用 GX 软件输入电脑，以熟悉软件的应用。

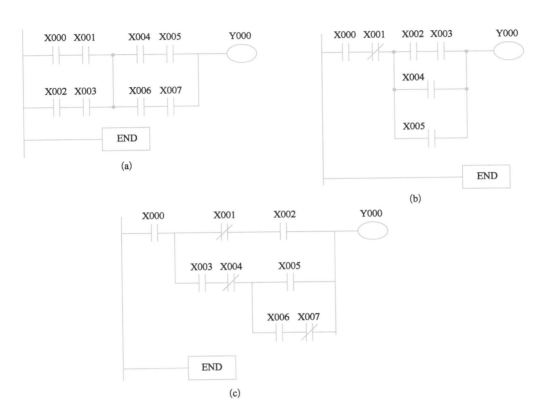

（2）试将下图所示的梯形图输入电脑，并观察运行结果。若输入继电器 X0、X1、X2 分别所接输入设备为按钮，Y0、Y1 所接设备为指示灯，试描述所观察到的运行现状。若应用在电动机控制上，可控制电动机做什么运行？

活动三 认识超声波传感器

学前提要

1. 超声波传感器工作原理。
2. 超声波传感器的组成。

问题导入

小张和妈妈一起去超市购物,妈妈是新司机,在倒车入库的时候,一直掌握不好车尾和墙壁的距离,让小张帮她看着。后来爸爸知道了这件事,就在车上安装了一个"新式武器"(图 3-4),小张再也不用下车帮妈妈看距离了。

同学们知道这个"新式武器"是什么吗?它的原理是什么?

同学们在生活中有遇到哪些用到传感器的装置吗?觉得它感应的是什么?用的是什么原理?

图 3-4 汽车倒车雷达

 数据在线

认 识 超 声 波

人能听见声音的频率为 20 Hz~20 kHz,即为声波;超出此频率范围的声音,即 20 Hz

以下的声音称为次声波,20 kHz 以上的声音称为超声波。声波频率的界限划分如图 3-5 所示。

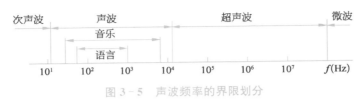

图 3-5　声波频率的界限划分

超声波为直线传播方式,具有指向性强、能量消耗缓慢、穿透力强大、遇到杂质或界面产生显著的反射等特点,所以经常用超声波来测量距离。超声波的频率越高,反射能力越强。

要探测某个物体是否存在,可以通过检测超声波在该物体上的反射信号。由于金属、木材、混凝土、玻璃、橡胶和纸几乎可以反射 100% 的超声波,因此能够通过超声波传感器发现这些物体并获得较准确的距离数值和方向分辨率。

认识超声波传感器

超声波传感器通常由超声波发生器(简称发射探头)和超声波接收器(简称接收探头)两部分组成,具体结构如图 3-6 所示。

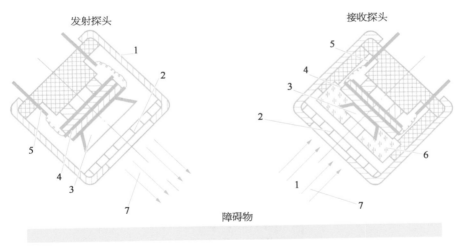

图 3-6　超声波传感器结构

1—外壳;2—金属丝网罩;3—锥形共振盘;4—压电晶体片;
5—引脚;6—阻抗匹配器;7—超声波束

超声波传感器中的核心器件就是压电晶体,利用压电晶体的压电效应来工作。当压电晶体的电极加上频率等于其固有振荡频率的脉冲信号时,压电晶体就会发生共振,带动金属片振动,产生超声波。反之,当接收探头的共振盘接收到超声波时就压迫压电晶体振动,产生电信号输出,如图 3-7 所示。在实际应用中还需要同放大电路、计数电路和显示电路等结合使用。

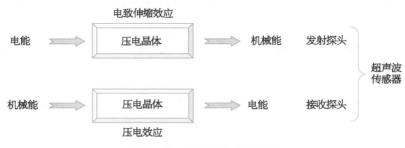

图 3 - 7　超声波传感器原理

动手操作一　自动开关门 PLC 控制系统的线路安装

做前提要

1. PLC 外部接线图。
2. PLC 外部接线。
3. 仿真布局及接线。

任务描述

如图 3 - 8 所示,正转接触器 KM1 驱动电动机正转使库门上升打开,反转接触器 KM2 驱动电动机使库门下降关闭。在库门上方装有一个超声波传感器 SQ3,当检测到

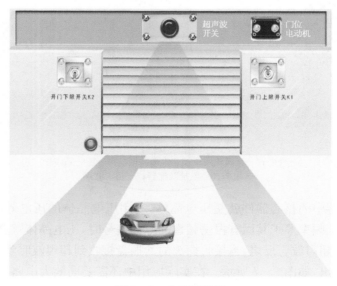

图 3 - 8　自动开关门

有人（车）来时发出信号（SQ3＝ON），由该信号使门位电动机 M 正转将卷帘门上升打开。门升至上限位开关 SQ1 后停止。门关至下限位 SQ2 后停止。在关门过程中若又接收到超声波传感器信号时，则立即停止关门并自动转为开门，然后按照前述过程自动关门。用按钮 SB1 可手动以点动方式控制开门，用按钮 SB2 可以手动以点动方式控制关门。

利用实训装置，完成 PLC 外部接线。

工作资料

认识直流电动机与交流电动机的区别

直流电动机使用直流电作为电源，而交流电动机使用交流电作为电源。

从结构上说，直流电动机的原理相对简单，但结构复杂，不便于维护；而交流电动机原理复杂但结构相对简单，而且比直流电动机便于维护。

直流电动机是通过电刷和换向器把电流引入转子电枢中，从而使转子在定子磁场中受力而产生旋转；交流电动机（以常用的交流异步电动机为例）是把交流电通入定子绕组，从而在定转子气隙中产生旋转磁场，旋转磁场在转子绕组中产生感应电流，进而使转子在定子磁场中受力产生旋转。

直流电动机调速简单，但使用场合有限；交流电动机调速相对复杂，但由于使用交流电源而应用广泛。

认识直流电动机的正反转

改变直流电动机转动方向的方法有两种：

一是电枢反接法，即保持励磁绕组的端电压极性不变，通过改变电枢绕组端电压的极性使电动机反转。

二是励磁绕组反接法，即保持电枢绕组端电压的极性不变，通过改变励磁绕组端电压的极性使电动机调向。

知识考验

请在右图中完成直流电动机的反转接线图（用 KM1 表示正转，用 KM2 表示反转）。

任务实施

1. 基本步骤

(1) 选择合适的电气元件。

(2) 安装电气元件。

(3) 根据 I/O 分配表进行接线。

(4) 编制 PLC 控制程序。

(5) 通电调试。

2. 操作条件

(1) 装置一台(已配置 FX3U – 48MR 或以上规格的 PLC,主令电器、电动机、传感器等)。

(2) 装置专用连接电线若干根。

3. 操作内容

在装置上进行接线。

4. 操作要求

(1) 按输入输出端口配置表接线。

(2) 未经允许擅自通电,造成设备损坏者该项目零分。

5. 制定工作计划

工作计划是一个单位或团体在一定时期内完成某项工作制定的工作安排,内容一般包括人员分工、工具材料清单、工序及工期安排等。

明确基本步骤后,小组讨论确定以下几个方面:

(1) 人员的基本分工。

(2) 需要用到的工具和材料。

(3) 各环节的用时大致估计。

讨论结束后,完成工作计划表。

6. 安装、调试、故障排查

(1) I/O 分配表见表 3 – 1。

表 3 – 1　I/O 分配表

	输　入　信　号			输　出　信　号	
1	X0	手动点动开门按钮 SB1	1	Y0	电动机正转
2	X1	手动点动关门按钮 SB2	2	Y1	电动机反转
3	X2	超声波开关 SQ3			
4	X3	开门上限开关 SQ1			
5	X4	关门下限开关 SQ2			

（2）根据 I/O 分配表,确定外部接线如图 3-9 所示。

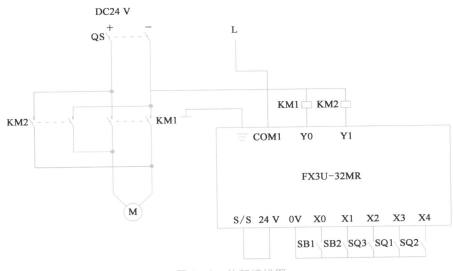

图 3-9　外部接线图

（3）仿真布局如图 3-10 所示。
（4）仿真接线如图 3-11 所示。
请根据图 3-11,在实训设备上进行实物安装接线。

动手操作二　自动开关门 PLC 控制系统的程序编写和调试

做前提要

1. PLC 梯形图程序。
2. 安装、调试、故障排查。

任务描述

　　之前已经完成了 I/O 地址的分配,并完成了 PLC 的外部接线及整个外围电气设备(按钮、传感器、电动机)的接线,接下来只要按任务要求完成 PLC 控制程序,就能实现仓库自动开关门开闭的 PLC 控制了(图 3-12)。
　　按控制要求,完成 PLC 梯形图编制,结合之前完成的接线,调试功能。

图 3 - 10 仿真布局图

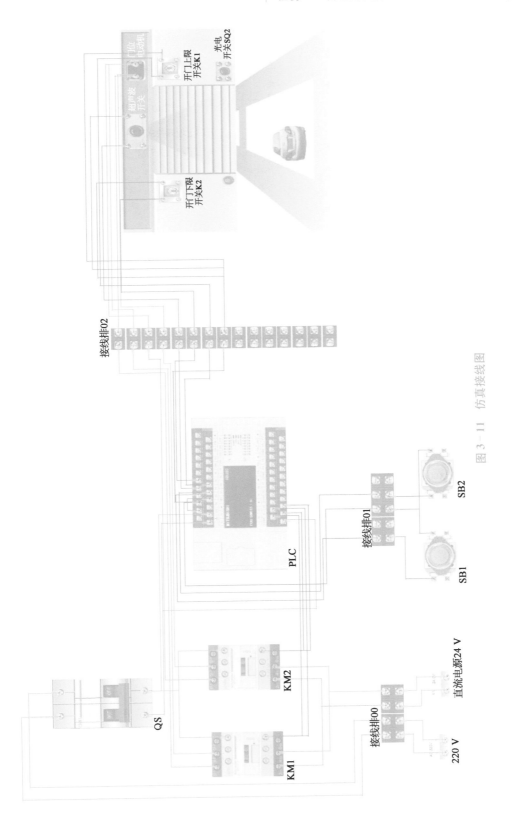

图 3 - 11　仿真接线图

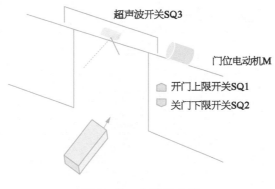

图 3-12　自动开关门

 任务实施

（1）编制 PLC 控制程序。请将编制的梯形图（图 3-13）输入软件，并进行安装调试。

图 3-13　自动开关门 PLC 控制梯形图

（2）上电前检查。对照接线顺序目测检查，连接无遗漏，并填写下表。

序　号		检　查　项　目	存　在　缺　陷	备　注
1	PLC 实训台	导线连接（绝缘、剥皮、连接等）	是 ○　否 ○	
2		导线的选择与敷设（截面、芯线颜色）	是 ○　否 ○	
3		防止直接接触的保护措施（手指保护）	是 ○　否 ○	

（续表）

序　号	检 查 项 目		存 在 缺 陷	备　注
4		元器件无遗漏	是 ○　否 ○	
5	仿真	元器件布局合理	是 ○　否 ○	
6		接线无遗漏	是 ○　否 ○	

（3）通电调试。操作与 PLC 输入接口相连接的电气设备,观察相应的输入继电器的状态,并填写下表。

电 气 设 备		PLC	
名　称	操 作 动 作	输入接口地址	状　态

（4）故障排查记录。若有故障,请进行排查,并填入下表。

序　号	故 障 现 象	排 查 过 程	解 决 方 法
1			
2			
3			

在调试的时候会发现一个故障点,如果自动门已经在自动开门或关门时,手动按钮并不起作用。但事实上使用了手动开关门后,自动开关门控制应该立即变为无效。只有在门已关闭、下限位开关 SQ2 被压下,且检测到 SQ3 发出信号的情况下,才能重新进入自动开关门控制状态。那么应该如何修改程序使其功能更加合理呢?

 巩固练习

1. PLC 采用什么样的工作方式? 工作模式有哪几种?

2. 请写出 PLC 控制与继电器控制的区别。

3. 请根据以下指令表,绘制相应的 PLC 梯形图。

0	LD	X000
1	OUT	Y000
2	LDI	X001
3	OUT	Y001
4	END	

4. 根据要求编制 PLC 梯形图：两个开关中，只要有一个开关闭合，指示灯就亮。操作要求：分别用自锁按钮和非自锁按钮完成。

5. 超声波的频率是多少？

6. 请简述超声波传感器的工作原理。

7. 按要求编制梯形图并绘制 PLC 外部接线图：只有在开关 A 闭合后 5 s 内，开关 B 闭合，指示灯才能亮。

（1）按钮 A、B 都用自锁按钮做程序。

（2）按钮 A、B 都用自复位按钮做程序。

8. 按要求编制梯形图并绘制 PLC 外部接线图：只有在开关 A 闭合后 2 s 后，开关 B 闭合，指示灯才能亮。

（1）按钮 A、B 都用自锁按钮做程序。

（2）按钮 A、B 都用自复位按钮做程序。

任务二　水塔抽水泵 PLC 电气控制系统的装调

技能目标

1. 能正确选择液位传感器的型号。

2. 能用仿真软件绘制水塔抽水 PLC 外部控制电路图。

3. 能根据水塔抽水泵 PLC 控制要求制定 PLC 梯形图。

4. 能使用编程软件输入、调试运行程序。

知识目标

1. 会简述液位传感器的种类、功能和应用场合。

2. 会描述梯形图的编程技巧。

3. 会简述定时器、功能指令（置位、复位、步进等）的使用方法。

活动一　梯形图的编程技巧

学前提要

1. 认识梯形图的特点。

2. 认识梯形图常用的编程技巧。

问题导入

请观察右梯形图是否正确？如错误,请将错误处改正。

数据在线

应用基本逻辑指令编写 PLC 程序,一般有梯形图和指令表两种方法。通常都是根据任务或生产实际要求,先选择输入/输出端子,画出梯形图,然后按梯形图输入方法或指令表方式,写到 PLC 中去,试运行。如果运行中发现原程序有问题,再修改程序,在试运行,直到符合要求的逻辑功能为止。进一步学习深入学习 PLC 中梯形图的编程技巧。

1. 梯形图的特点

(1) 触点只能与左母线相连,不能与右母线相连。

(2) 线圈只能与右母线相连,不能直接与左母线相连,右母线可以省略。

(3) 线圈可以并联,不能串联连接。

(4) 应尽量避免双线圈输出。

2. 梯形图的编程技巧

(1) 输入/输出继电器、内部辅助继电器、定时器、计数器等器件的触点可以多次重复使用,不需复杂的程序结构来减少触点的使用次数。

(2) 梯形图每一行都是从左母线开始,线圈终止于右母线。触点不能放在线圈的右边。

(3) 除步进程序外,任何线圈、定时器、计数器、高级指令等不能直接与左母线相连。

(4) 在程序中,不允许出现"双线圈"现象。"双线圈"现象是在程序的多处使用同一编号的线圈的现象,程序执行双线圈时,以后面的线圈动作优先(图 3 - 14),X1 接通,X4 断开,则输 Y0 为 OFF。

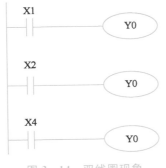

图 3 - 14　双线圈现象

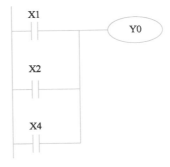

图 3 - 15　正确的梯形图

为了解决双线圈现象,采用的方法是将 X1、X2 和 X4 的控制触点以"或"的方法处理,改为如图 3-15 所示正确的梯形图。

（5）程序的编写顺序应按自上而下、从左至右的方式。为了减少程序的执行步数,程序应为上重下轻、左重右轻。逻辑电路并联时上下位置可调,应将单个触点的支路放在下面,将串联触点多的电路放在上面,即"上重下轻",如图 3-16 所示。图 3-16a 要使用并联电路块 ORB,而图 3-16b 只要使用 OR 即可。所以图 3-16b 所示的梯形图要比图 3-16a 所示的梯形图更恰当。

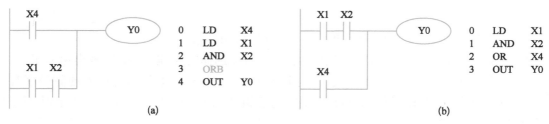

图 3-16　元件布置"上重下轻"

逻辑电路串联时左右位置可调,应将单个触点放在右边,将并联电路放在左边,即"左重右轻",如图 3-17 所示。图 3-17a 要使用串联电路块 ANB,而图 3-17b 只要使用 AND 即可。所以图 3-17b 所示的梯形图要比图 3-17a 所示的梯形图更恰当。

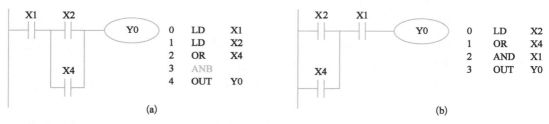

图 3-17　元件布置"左重右轻"

线圈并联电路中,应将单个线圈放在上边。线圈输出时,能用纵接输出的就不要用多重输出,如图 3-18 所示。图 3-18a 为多重输出,在触点 X2 前方并联 Y1 线圈,要用到 MPS、MPP 指令,如果在不引起逻辑混乱的前提下改为图 3-18b,为纵接输出,就不必使用多重输出指令,这样就比较简单。

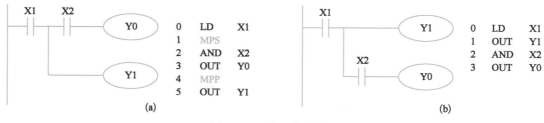

图 3-18　线圈输出方法

（6）桥形电路的化简方法为找出每条输出路径进行并联,如图 3-19 所示。图

3-19a 为桥形电路,根据桥形电路找出每条输出路径将其并联即简化为如图 3-19b 所示的简化电路。

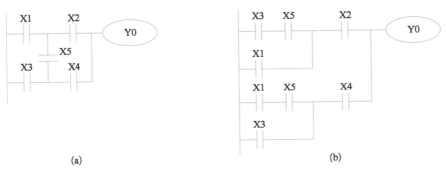

(a)   (b)

图 3-19　桥形电路化简方法

 知识考验

（1）请判断下面的梯形图正确吗？请说明理由。

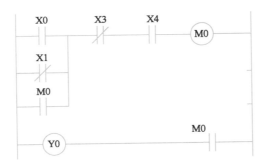

（2）下图为两个独立的梯形图,请判断哪个是正确的梯形图并说明理由。

(a)   (b)

（3）请判断以下梯形图是否恰当并说明理由。

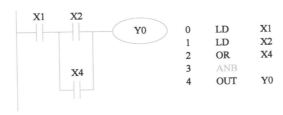

0	LD	X1
1	LD	X2
2	OR	X4
3	ANB	
4	OUT	Y0

活动二　认识定时器和功能指令(置位、复位)

学前提要

1. 认识定时器。
2. 认识辅助继电器。
3. 功能指令(置位、复位)。

问题导入

(1) 生活中的厨房定时器是怎么样工作的?
(2) 家里开关灯时有什么现象?

数据在线 1

定 时 器

PLC 中的定时器(T)相当于继电器控制系统中的通电型时间继电器,它可以提供无限对常开常闭延时触点。定时器中有一个设定值寄存器(一个字长)、一个当前值寄存器(一个字长)和一个用来储存其输出触点的映象寄存器(一个二进制位),这三个量使用同一地址编号。但使用场合不一样,意义不同。

FX3U 系列中定时器可分为通用定时器、积算定时器两种。它们是通过对一定周期的时钟脉冲进行累计而实现定时的,时钟脉冲有周期为 1 ms、10 ms、100 ms 的三种,当所计数达设定值时触点动作。设定值可用常数 K 或数据寄存器(D)的内容来设置。

1. 通用定时器

(1) T0～T199(200 只)。时钟脉冲为 100 ms 的定时器,即当设定值 $K=1$ 时,延时 100 ms。设定范围为 0.1～3 276.7 s。

(2) T200～T245(46 只)。时钟脉冲为 10 ms 的定时器,即当设定值 $K=1$ 时,延时 10 ms。设定范围为 0.01～327.67 s。

2. 积算定时器

(1) T246～T249(4 只)。时钟脉冲为 1 ms 的积算定时器。设定范围为 0.001～32.767 s。

(2) T250～T255(6 只)。时钟脉冲为 100 ms 的积算定时器。设定范围为 0.1～3 267.7 s。

积算定时器的意义是,当控制积算定时器的回路接通时,定时器开始计算延时时间,当设定时间到时定时器动作,如果在定时器未动作之前控制回路断开或掉电,积算定时器能保持已经计算的时间,待控制回路重新接通时,积算定时器从已积算的值开始计算。积算定时器可以用 RST 命令复位。

 知识考验 1

(1) 阅读下图,请填写出 X0 接通后的工作流程。

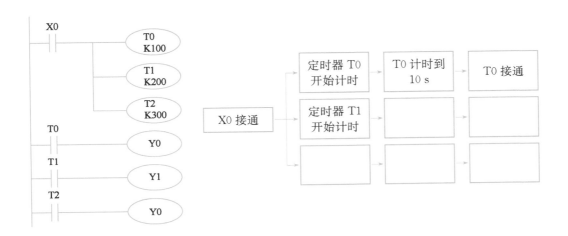

　　(2) 阅读相关资料并完成以下问题,请完成电动机延时电路。控制要求:按 SB1 则 M1 启动,5 s 后 M2 启动,按 SB2 电动机同时停止。

　　① 补充完成 I/O 分配表。

输　入			输　出		
输入继电器	输入元件	功能作用	输出继电器	输出元件	功能作用
X0	SB2	启动按钮	Y1	KM1	M1 接触器
	SB1			KM2	
	FR1	M1 过载保护			
X3	FR2				

　　② 补全 PLC 外部接线图。

　　(3) 完成梯形图编程。

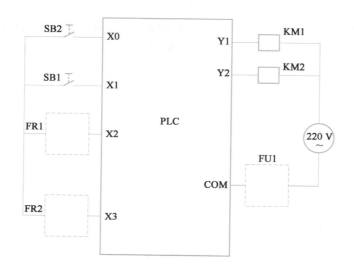

 数据在线 2

辅 助 继 电 器

主控指令中用到的 M0、M1 称为辅助继电器。PLC 内有很多辅助继电器,其线圈与输出继电器一样,由 PLC 内各软元件的触点驱动。按照功能不同分为以下几类:

(1) 通用型辅助继电器(M0~M499)。通用型辅助继电器相当于中间继电器,用于存储运算中间的临时数据,它没有向外的任何联系,只供内部编程使用。它的内部常开/常闭触点使用次数不受限制。

(2) 保持型辅助继电器(M500~M1023)。PLC 在运行中若突然停电,通用型辅助继电器和输出继电器全部变为断开的状态,而保持型辅助继电器当 PLC 停电时,依靠 PLC 后备锂电池进行供电保持停电前的状态。

(3) 特殊辅助继电器(M8000~M8255)。特殊辅助继电器是 PLC 厂家提供给用户的具有特定功能的辅助继电器,通常又可分为两大类(表 3 - 2)。

表 3 - 2　特殊辅助继电器的分类

分　类		作　用
只能利用触点的特殊辅助继电器	M8000	运行监控特殊辅助继电器
	M8002	初始脉冲特殊辅助继电器
	M8012	产生 100 ms 时钟脉冲的特殊辅助继电器
	M8013	产生 1 s 脉冲的特殊辅助继电器
可驱动线圈的特殊辅助继电器	M8033	PLC 停止时输出保持特殊辅助继电器
	M8034	禁止输出特殊辅助继电器
	M8039	定时扫描特殊辅助继电器

知识考验 2

阅读相关资料完成以下问题,请完成电动机正反转控制。控制要求:按下正转启动按钮 SB1,KM1 线圈得电,电动机正转运行;按下反转启动按钮 SB2,KM1 线圈失电,KM2 线圈得电,电动机反转运行;按下 SB3,KM1 或 KM2 线圈失电,电动机停止正转或反转。

(1)补充完成 I/O 分配表。

输　　入			输　　出		
输入继电器	输入元件	功能作用	输出继电器	输出元件	功能作用
X0	SB1	正转启动按钮	Y1	KM1	正转控制接触器
	SB2			KM2	反转控制接触器
	SB3				
X3	FR	热继电器触点			

(2)补全 FX3U 中的 PLC 外部接线图。

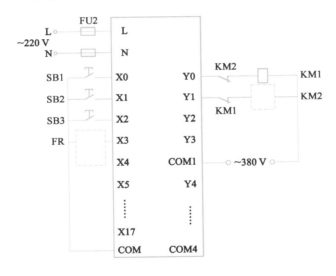

(3)编制梯形图并调试。

 数据在线 3

置位指令(SET)与复位指令(RST)

1. 指令用法

(1)SET(置位):置位指令。

（2）RST（复位）：复位指令。

用于各继电器Y、S和M等，置位和复位还可在用户程序的任何地方对某个状态或事件设置或清除标志。

2. 指令说明

指令说明见表3-3。SET与RST指令注意事项：

表3-3　SET与RST指令说明

助记符名称	操作功能	梯形图与目标组件	程序步数
SET 置位	线圈得 电保持	⊢⊢─[SET　YMS]	YM：1 S特M：2
RST 复位	线圈失 电保持	⊢⊢─[RST　YMSTCD]	STC：2 DVZ特D：3

（1）SET与RST指令有自保功能。

（2）SET与RST指令的使用没有顺序限制，并且SET与RST之间可以插入别的程序，但只在最后执行的一条才有效。

（3）RST指令的目标组件除与SET相同的Y、M、S外，还有T、C、D。

 知识考验3

请上机输入下图中的梯形图，观察操作结果，完成以下题目。

（1）填写程序功能表。

输　　入	输　　出
接通X0	Y0_____
接通X1	Y0_____

（2）写出上面梯形图所对应的指令表。

（3）从以上指令表可以看出，SET指令使得Y0_____（置位或复位），RST指令使得Y0_____。

活动三　认识液位传感器

学前提要

1. 液位传感器的工作原理。
2. 液位传感器的类型。

问题导入

生活中的电蒸锅是一种可以将食物蒸熟保留食物营养的电器。如图 3 - 20 所示，电蒸锅中有一个水箱，水箱中的水是用来蒸熟食物的。如果当水箱中的水没有时，就会出现机器干烧的情况，不仅食物无法蒸熟，还会损坏机器，严重的话还会发生意外。而采用什么传感器可以在检测到没水的时候自动报警，然后设备停止工作，便于提醒用户加水的同时又防止电器干烧？

图 3 - 20　电蒸锅中的水箱

数据在线

液位传感器是一种测量液位的压力传感器。静压投入式液位传感器是基于所测液体静压与该液体的高度成比例的原理，采用国外先进的隔离型扩散硅敏感元件或陶瓷电容压力敏感传感器，将静压转换为电信号，再经过温度补偿和线性修正，转化成标准电信号（一般为 4～20 mA/1～5 VDC）。但是液位开关是开关控制电路，而液位传感器相当于变压、变流用的电路元件。液位传感器有以下几种：

1. 浮筒式液位传感器

浮筒式液位传感器是将磁性浮球改为浮筒，液位传感器是根据阿基米德浮力原理设计的。浮筒式液位传感器是利用微小的金属膜应变传感技术来测量液体的液位、界位或密度，它在工作时可以通过现场按键来进行常规的设定操作。

2. 浮球式液位传感器

浮球式液位传感器由磁性浮球、测量导管、信号单元、电子单元、接线盒及安装件组成。一般磁性浮球的相对密度小于 0.5，可漂于液面之上并沿测量导管上下移动，导管内装有测量元件，它可以在外磁作用下将被测液位信号转换成正比于液位变化的电阻信号，并将电子单元转换成 4～20 mA 或其他标准信号输出。该液位传感器为模块电路，具有耐酸、防潮、防震、防腐蚀等优点，电路内部含有恒流反馈电路和内保护电路，可使输出最大电流不超过 28 mA,因而能够可靠地保护电源并使二次仪表不被损坏。

3. 静压式液位传感器

该液位传感器利用液体静压力的测量原理工作,它一般选用硅压力测压传感器将测量到的压力转换成电信号,再经放大电路放大和补偿电路补偿,最后以 4~20 mA 或 0~10 mA 电流方式输出。

4. 其他液位传感器

投入式液位传感器进入市场,由于其精度较高、可靠性也高、使用方便,因此用量迅速增加,成为近十年液位首选仪表。近几年磁致伸缩式液位计异军突起,由于其高精度、高稳定、高可靠及长寿命而更适于储罐液位测量,应用量也必将迅速增加,逐渐会和雷达式液位计平分秋色。光纤液位计可以做到现场无电检测,安全性好,这是其突出的优势;缺点是仍然有很多机械传动部件,故障率就会增加,安装也复杂些。

 知识考验

查阅相关资料,完成下表中的内容。

名　　称	液位传感器图片	工　作　原　理	最优液位计
光电式液位传感器			
浮筒式液位传感器			
超声波液位计			
浮球式液位传感器			
静压式液位传感器			

动手操作一　水塔抽水泵 PLC 控制线路的安装

做前提要

1. 元器件类型。
2. 仿真布局及接线。

任务描述

(1) 如图 3-21 所示,要使用水泵将水池里的水抽到水塔上。请在仿真软件中完成水塔抽水泵 PLC 控制线路的安装。

图 3-21　水塔抽水泵

(2) 控制要求。当水池水位低于水池低水位界面时,触发水池水位低传感器 BL1,传感器开关接通(ON),发出低水位信号,水池开始进水。当水位上升到高于水池高水位界限时,水池高水位传感器 BL2 开关接通(ON),水池停止进水。如果水塔水位低于水塔低水位界限时,水塔低水位传感器 BL3 开关接通(ON),发出低水位信号,若此时水池水位高于水池低水位界限时,则抽水泵电动机运转,水泵抽水;当水塔水位上升到高水位界限时,水塔高水位传感器 BL4 开关接通(ON),电动机停止运行,水泵停止抽水。

知识考验

(1) 该任务需要_____个液位传感器,其中 SQ3 的主要作用是_____,SQ2 的主要作用是_____,SQ4 的主要作用是_____。

（2）该任务需要_____个开关，其中启动开关的符号是_____，停止开关的符号是_____。

（3）断路器的作用是什么？

 任务实施

（1）请补全 I/O 分配表。

	输　入　信　号			输　出　信　号	
1	X0	启动按钮 SB1	1	Y0	接触器 KM
2	X1	停止按钮 SB2	2	Y1	进水阀门 YV1
3		水池低水位传感器 BL1	3	Y2	出水阀门 YV2
4	X3				
5	X4	水塔低水位传感器 BL3			
6	X5				
7	X6	热继电器 FR			

（2）根据 I/O 分配表，请在下图虚线框中补全外部接线图。

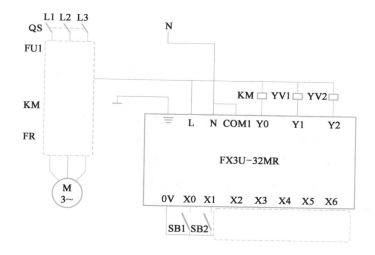

（3）如下图所示进行仿真布局。

（4）请根据接线图在实训设备上进行实物安装接线。

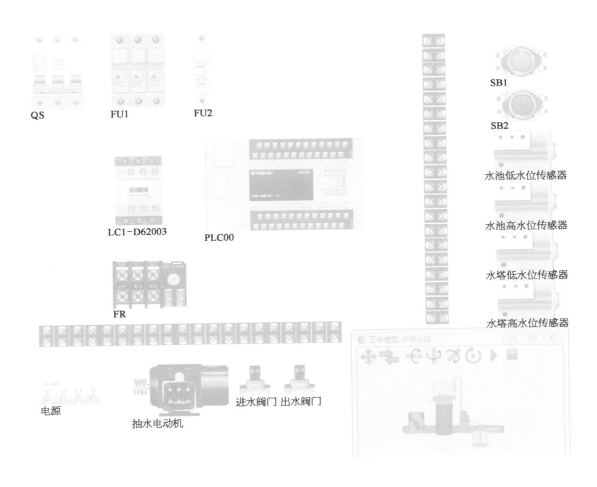

动手操作二 水塔抽水泵 PLC 控制系统的程序编写和调试

做前提要

1. PLC 梯形图程序编写。
2. 调试、排除故障。

任务描述

之前已经完成了 I/O 地址的分配,并完成了 PLC 的外部接线及整个外围电气设备(按钮、传感器、电动机)的接线,接下来只要按任务要求完成 PLC 控制程序,就能实现水塔抽水泵 PLC 控制线路的 PLC 控制。根据控制要求,请在编程软件完成 PLC 梯形图编制,结合完成的接线进行功能调试,实现控制。控制要求同动手操作一。

 知识考验

(1) 该任务需要_____种基本指令,其中中间继电器的符号是_____。
(2) 当液位达到什么条件时抽水泵开始抽水?
(3) 当液位到达最高水位时会出现什么现象?

 任务实施

(1) 编制 PLC 控制程序。请将编制的梯形图输入软件,并进行安装调试。

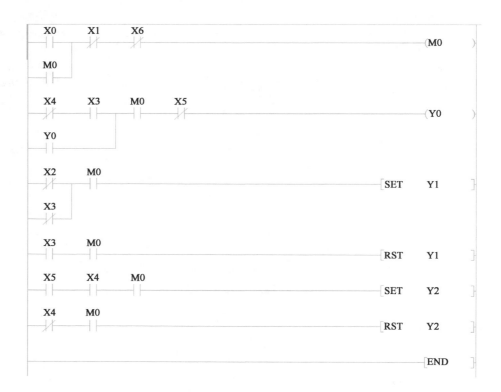

(2) 上电前检查。对照接线顺序目测检查,连接无遗漏,并填写下表。

序　号		检　查　项　目	存　在　缺　陷	备　注
1	PLC 实训台	导线连接(绝缘、剥皮、连接等)	是 ○　否 ○	
2		导线的选择与敷设(截面、芯线颜色)	是 ○　否 ○	
3		防止直接接触的保护措施(手指保护)	是 ○　否 ○	

(续表)

序　号	检　查　项　目		存　在　缺　陷	备　　注
4		元器件无遗漏	是 ○　否 ○	
5	仿真	元器件布局合理	是 ○　否 ○	
6		接线无遗漏	是 ○　否 ○	

（3）通电调试。操作与 PLC 输入接口相连接的电气设备,观察相应的输入继电器的状态,并填写下表。

电　气　设　备		PLC	
名　　称	操　作　动　作	输入接口地址	状　　态

（4）如有故障排查请填写故障排查记录。

序　号	故　障　现　象	排　查　过　程	解　决　方　法
1			
2			
3			

 巩固练习

1. 若选用定时器 T5 延时 5 s,那么应设定参数值 K 等于_____。

2. 若选用定时器 T5 延时 10 s,那么应设定参数值 K 等于_____。

3. 置位指令为_____,复位指令为_____。

4. 常见的液位传感器有_____。

5. FX 系列 PLC 中每种软元件都有特定的字母表示,下面表示错误的一组是(　　)。

　　A. 输入继电器 X　　　　　　　　　B. 输出继电器 Y

　　C. 辅助继电器 S　　　　　　　　　D. 定时器 T

6. 梯形图程序由(　　)、编程触点、线圈和连接线组成。

　　A. 主控母线　　　　B. 左右母线　　　　C. 功能指令　　　　D. 状态母线

7. 关于 FX 系列 PLC 中的辅助继电器,下列说法正确的是(　　)。

　　A. 所有辅助继电器都可以被驱动

  B. 所有辅助继电器都不可以被驱动

  C. 部分辅助继电器可以被驱动

  D. 以上说法都不对

8. 关于 FX 系列 PLC 中的辅助继电器,下列说法正确的是(　　)。

  A. 所有辅助继电器都可以被驱动

  B. 所有辅助继电器都不可以被驱动

  C. 部分辅助继电器可以被驱动

  D. 以上说法都不对

9. 说明热继电器在电路中的作用。

10. 说明电动机断路器在电路中的作用。

任务三　传送带多段速控制系统的装调

知识目标

1. 能列举常见传感器的类型。

2. 能简述常见传感器的功能和使用方法。

3. 能简述变频器的功能。

4. 能查阅变频器的指导手册,了解其参数功能。

5. 能简述变频器的安装和设置的注意事项。

活动一　认识电感、电容传感器

学前提要

1. 认识电感传感器。

2. 认识电容传感器。

问题导入

(1) 电脑每家每户都有,那么鼠标是如何传送信号的?

(2) 某工厂需要安装一台分拣装置(图 3 - 22),可以区分产品的颜色(如黑色、白色等)、产品的材质(如金属、非金属等),那么可以用什么来实现这些功能?

图 3 - 22　自动分拣装置

 数据在线 1

电感传感器

　　电感传感器(图 3 - 23)是将被测量转换为线圈的自感或互感的变化来测量的装置,是一种测量式控制位置偏差的电子信号发生器,其用途非常广泛。电感传感器还可用作磁敏速度开关、齿轮龄条测速等。电感传感器的原理如图 3 - 24 所示。

图 3 - 23　电感传感器

被测物理量(非电量:
位移、振动、压力、流　$\xrightarrow{\text{电磁感应}}$　线圈自感系数 $L/$
量、比重)　　　　　　　　　　　互感系数 M　$\xrightarrow{\text{测量电路}}$　电压或电流
(电信号)

图 3 - 24　电感传感器原理

知识考验 1

（1）查找相关资料，将下表中的序号填到下图的正确位置上。

名　称	双端线圈	PWB 连接带	芯核、纯铁	夹具、底座	导　线
序　号	1	2	3	4	5

带外壳环绕线圈
输入回路基板
输出回路基板
树脂填充
夹具、导线
保护器、导线
封装成型

（2）查找资料，结合下图完成下表的填写。

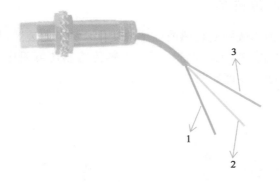

序　号	名　称	作　用
1		
2		
3		

 数据在线 2

电 容 传 感 器

电容传感器（图 3－25）是一种将被测的力学量（如位移、力、速度等）以电容的变化体现出来的仪器。电容传感器以各种类型的电容器作为传感元件，通过传感元件将被测物理量转换为电容的量的变化，随后由测量电路将电容的变化量转换为电压、电流或频率信号输出，完成对被测物理量的测量，如图 3－26 所示。

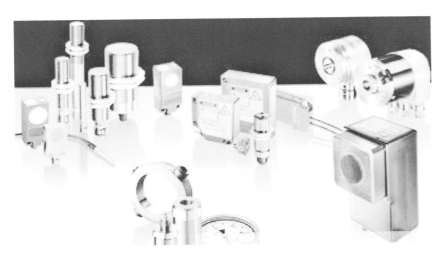

图 3 - 25　电容传感器

被测的量

（力、压力、位移、加速度、转速、厚度等）

电容极板　位移或极板间的介电常数电容式传感器　电容极板　电容 ΔC 的变化　测量电路　$U、I、f$ 输出

图 3 - 26　电容传感器原理

 知识考验 2

（1）查找相关资料，将下表中的序号填到下图的正确位置上。

名　称	内部不锈钢膜片的位置	电子线路位置	低压侧进气口	高压侧进气口
序　号	1	2	3	4

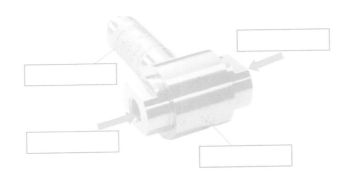

（2）查找相关资料，根据下图完成下表的填写。

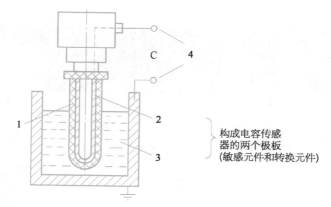

构成电容传感
器的两个极板
(敏感元件和转换元件)

序　号	名　称	作　用
1		
2		
3		
4		

活动二　使用和设置变频器

 学前提要

1. 认识变频器。
2. 查询变频器的使用步骤和设置方法。

 问题导入

(1) 根据已知的匀速、加速、光速知识,改变什么可以改变速度?
(2) 电瓶车、汽车是通过什么来调节速度的?
(3) 空调的"一晚一度电"是通过什么来实现的?
(4) 用于调节速度的设备有哪些?

 数据在线

变　频　器

变频器(variable-frequency drive,VFD)是应用变频技术与微电子技术,通过改变电动机工作电源频率方式来控制交流电动机的电力控制设备。

变频器主要由整流(交流变直流)、滤波、逆变(直流变交流)、制动单元、驱动单元、检测单元、微处理单元等组成。变频器靠内部 IGBT 的开断来调整输出电源的电压和频率，根据电动机的实际需要来提供其所需要的电源电压，进而达到节能、调速的目的；另外变频器还有很多保护功能，如过流、过压、过载保护等。随着工业自动化程度的不断提高，变频器也得到了非常广泛的应用。

 知识考验

（1）查找资料，将下表中的序号填到下图的正确位置上。

名　称	BOP 面板	变频器	型　号	通信接口	输入端
序　号	1	2	3	4	5

（2）查找型号 FR-E740 变频器手册，将下图补充完整。

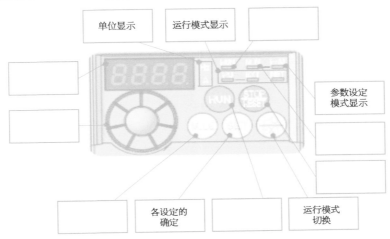

（3）查找型号 FR‐E740 变频器手册，完成下列题目。

① 还原出厂设置需要设置哪些参数？在变频器上完成设置并记录相关数据。

② 读取变频器常用参数的数据，将其填入下表并写明其功能。

参　数	数　值	含　义
Pr. 1		
Pr. 2		
Pr. 4		
Pr. 5		
Pr. 6		
Pr. 7		
Pr. 8		
Pr. 79		
Pr. 160		

③ M 旋钮的功能是（　　）。

    A. 改变电压　　　　　　　　　　B. 改变电流

    C. 改变频率　　　　　　　　　　D. 改变功率

④ 面板上 MODE 键的作用是（　　）。

    A. 模式切换　　　　　　　　　　B. 频率切换

    C. 启动　　　　　　　　　　　　D. 停止

动手操作一　传送带物料分拣控制系统的搭建与编程调试

做前提要

    1. 元器件选择。

    2. 仿真布局与接线。

    3. 程序编写与调试。

    4. 变频器的使用与参数设置。

任务描述

按下启动按钮 SB1 时启动系统,按下停止按钮 SB2 系统停止;当传送带传感器 BL1 检测到有物料落下时,传送带电动机启动,传送带带动物料向前运动;若改物料为金属物料,那么当它到达推料一气缸位置时,会被电感传感器 BL2 检测到,此时传送带电动机停止运行,传送带停止,推料一气缸将物料推下,推料一气缸伸出到位 SQ1 时开始缩回,到达退出到位 SQ2 时停止;若改物料为非金属白色物料,那么当它到达推料二气缸位置时,会被光纤传感器 BL2 检测到,此时传送带电动机停止运行,传送带停止,推料二气缸将物料推下,推料二气缸伸出到位 SQ3 时开始缩回,到达退出到位 SQ4 时停止;若改物料为非金属黑色物料,那么当它到达推料三气缸位置时,会被电感传感器 BL3 检测到,此时传送带电动机停止运行,传送带停止,推料三气缸将物料推下,推料三气缸伸出到位 SQ5 时开始缩回,到达退出到位 SQ6 时停止;当传送带传感器再次检测到物料时重复上述过程。推料气缸初始状态为退回到位状态。下面请根据上述的控制要求完成传送带物料分拣控制系统的搭建与编程调试(图 3-27)。

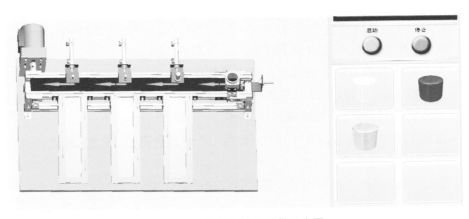

图 3-27　物料分拣传送带示意图

工艺卡片

变频器使用注意事项

(1) 变频器(图 3-28)断电后的 5 min 内不要触摸任何端子,即使变频器不在工作,下列端子也可能带有危险电压:

① 电源输入端子 L1、L2、L3,以及 PE 端子。

② 电动机端子 U、V、W,以及输出接地端子。

③ 直流母线端子 DC+和 DC-。

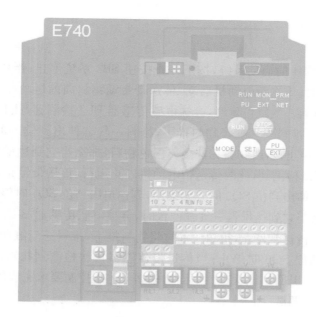

图 3-28 变频器

④ 制动电阻端子 R1 和 R2(仅限外形尺寸为 D 的变频器)。

设备运行时不可打开设备进行设备接线或断开连接。

(2) 变频器在运行过程中以及关闭后的短时间内,其贴有当心烫伤警示标签的表面区域可能会变得很烫,避免直接接触这些表面。

(3) 在操作前必须熟悉设备手册中所述的所有安全说明,安装、调试、操作与维护规定。

(4) 未经许可,任何人都不得对设备进行任何改造使用。

 任务实施

(1) 按下面的布局图(图 3-29)、接线图(图 3-30)和硬线接线图(图 3-31),在仿真软件上完成以下操作:

① 选取传送带物料分拣控制系统所需的元件。

② 完成传送带物料分拣控制系统的布局和接线。

③ 完成变频器参数的设置:Pr. 79=2,Pr. 6=10。

④ 完成传送带物料分拣控制系统的编程和调试。

(2) 填写元件清单表、变频器参数表、I/O 分配表及"验收与评价"。

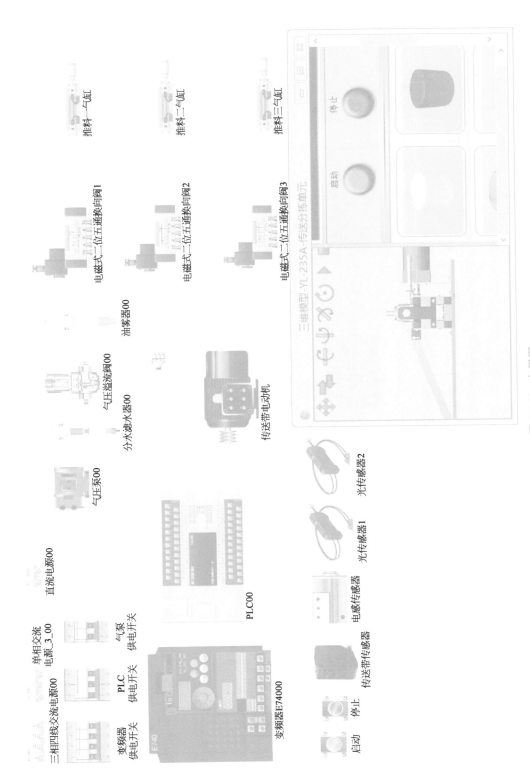

图 3 - 29 布局图

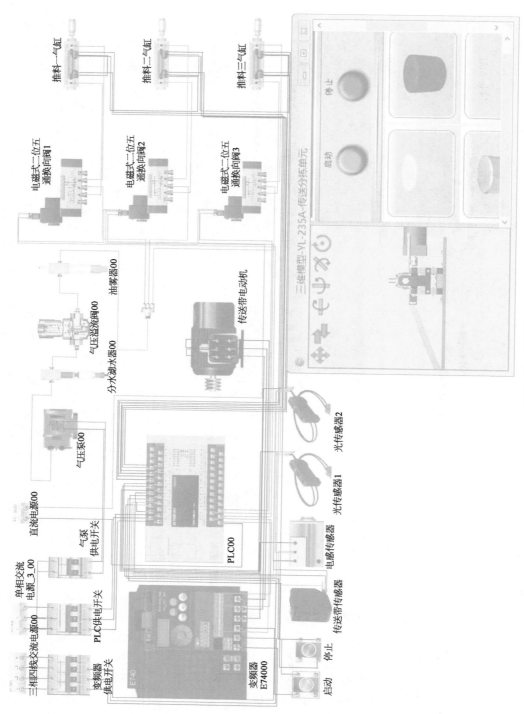

图 3 - 30 接线图

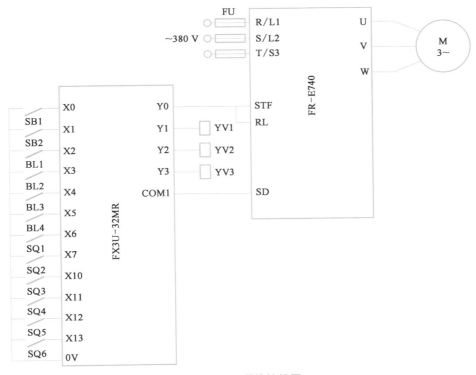

图 3 - 31　硬线接线图

动手操作二　传送带多段速控制系统的搭建与编程调试

做前提要

1. 元器件选择。
2. 仿真布局与接线。
3. 程序编写与调试。
4. 变频器的参数设置。

问题导入

　　如今人们通过手机就可以定制和购买所需的东西。某公司因要搬迁,故在网上定制了 20 个大木箱子,接到订单的厂家根据该公司的要求进行了加工,完工后需要将 20 个箱子从工厂的仓库搬到货车上并送货上门。因为这些木箱子很重,如果你是搬运工人,你会如何解决该问题?

任务描述

当按下正转启动按钮 SB2 时,传送带电动机正转,传送带开始七段速正转运行,并且每隔 5 s 变化一次速度,第一段速度为 50 Hz,第二至七段速度分别为 30 Hz、10 Hz、15 Hz、40 Hz、25 Hz 和 8;当按下反转启动按钮 SB3 时,传送带电动机反转,传送带开始七段速反转运行,并且每隔 5 s 变化一次速度,第一段速度为 50 Hz,第二至七段速度分别为 30 Hz、10 Hz、15 Hz、40 Hz、25 Hz 和 8 Hz;当按下停止按钮 SB1 时,系统停止运行。下面请根据上述的控制要求完成传送带多段速控制系统的搭建与编程调试。

任务实施

(1) 按下面的布局图(图 3-32)、接线图(图 3-33)和硬线接线图(图 3-34),在仿真软件上完成以下操作:

① 选取传送带多段速控制系统所需的元件。

② 完成传送带多段速控制系统的布局和接线。

③ 根据表 3-4 完成变频器参数的设置。

表 3-4　变频器参数的设置

序　号	参　数	数　值	作　用
1	Pr. 79	2	设置操作模式
2	Pr. 1	100	设置上限频率
3	Pr. 2	0	设置下限频率
4	Pr. 3	50	设置基底频率
5	Pr. 7	20	设置加速时间
6	Pr. 8	20	设置减速时间
7	Pr. 4	50	设置第一段速度(RH)
8	Pr. 5	30	设置第二段速度(RM)
9	Pr. 6	10	设置第三段速度(RL)
10	Pr. 24	15	设置第四段速度(RM、RL)
11	Pr. 25	40	设置第五段速度(RH、RL)
12	Pr. 26	25	设置第六段速度(RH、RM)
13	Pr. 27	8	设置第七段速度(RH、RM、RL)

④ 完成传送带多段速控制系统的编程和调试。

(2) 填写元件清单表、变频器参数表、I/O 分配表及"验收与评价"。

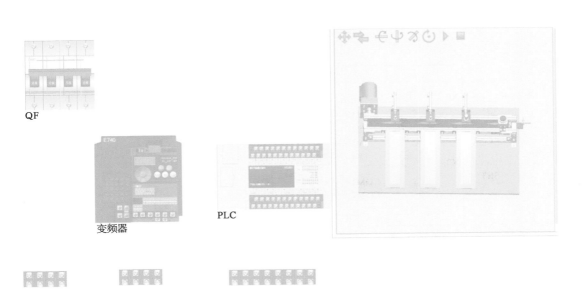

QF

变频器

PLC

传送带电动机　SB1　SB2　SB3

图 3 - 32　布局图

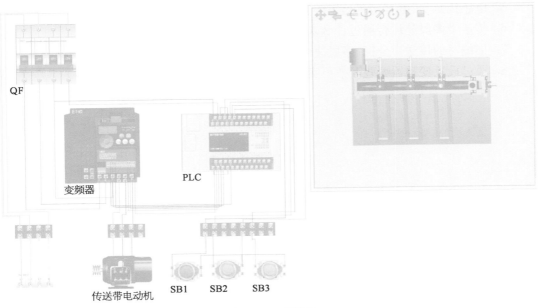

QF

变频器　PLC

传送带电动机　SB1　SB2　SB3

图 3 - 33　接线图

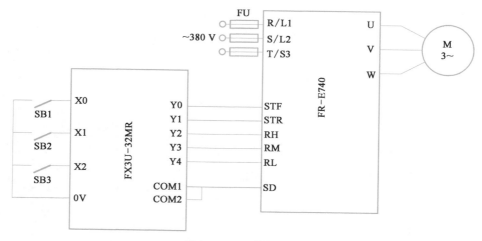

图 3－34　硬线接线图

 巩固练习

1. 传送带物料分拣控制系统是由什么实现物料分拣的？

2. 传送带物料分拣控制系统需要用到哪几种传感器？其作用是什么？

3. 说说你在搭建传送带物料分拣控制系统时遇到的困难有哪些。

4. PLC在传送带物料分拣控制系统中的作用是什么？

5. 电感传感器、电容传感器主要实现什么功能？

6. 传送带多段速运行通过什么来实现？

7. 你编写的传送带分拣、多段速运行程序能实现功能吗？还存在哪些问题？

8. 通过设置变频器哪些参数可实现传送带多段速运行？

附　录　信息页

切割机控制线路的检修

一、按钮

按钮是一种常用的控制电器元件,常用来接通或断开控制电路,从而达到控制电动机或其他电气设备运行目的的一种开关,如图0-1所示。

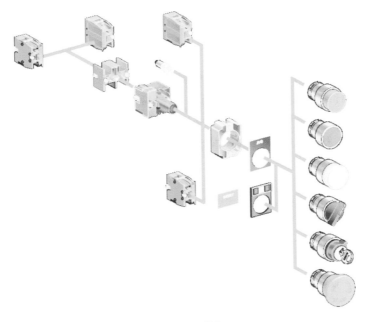

图0-1　按钮

1. 型号及其含义

按钮的型号及其含义见表0-1。

表0-1 按钮的型号及其含义

说 明	颜色	常开	常闭	型 号	重 量(kg)	尺 寸
平头按钮	◯	1		XB2BA11C	0.070	
	●	1		XB2BA21C	0.070	
	●	1		XB2BA31C	0.070	
	◯	1		XB2BA51C	0.070	
	●	1		XB2BA61C	0.070	
	●		1	XB2BA22C	0.070	
	●		1	XB2BA42C	0.070	
凸头按钮	●	1		XB2BL21C	0.070	
	●	1		XB2BL31C	0.070	
	◯	1		XB2BL51C	0.070	
	●	1		XB2BL61C	0.070	
	●		1	XB2BL22C	0.070	
	●		1	XB2BL42C	0.070	

XB2BA~C

XB2BL~C

2. 结构及工作原理

按钮是一种人工控制的主令电器,主要用来发布操作命令、接通或开断控制电路、控制机械与电气设备的运行。按钮的工作原理很简单,对于常开触点,在按钮未被按下前,电路是断开的,按下按钮后,常开触点被连通,电路也被接通;对于常闭触点,在按钮未被按下前,触点是闭合的,按下按钮后,触点被断开,电路也被分断。由于控制电路工作的需要,一只按钮还可带有多对同时动作的触点。

3. 符号

按钮符号如图0-2所示。

(a) 常开按钮(启动按钮)   (b) 常闭按钮(停止按钮)   (c) 复合按钮

图0-2 按钮符号

4. 颜色及其含义

按钮颜色及其含义见表0-2。

表0-2　按钮颜色及其含义

颜色	含义	说明	应用示例
红	紧急	危险或紧急情况时操作	急停、停止/断开
黄	异常	异常情况时操作	干预制止异常情况
绿	正常	正常情况时启动操作	
蓝	强制性	要求强制动作情况下操作	复位功能
白			启动/接通(优先)、停止/断开
灰	未赋予特定含义	除急停以外的一般功能的启动	启动/接通、停止/断开
黑			启动/接通、停止/断开(优先)

二、熔断器

熔断器是指当电流超过规定值时,以本身产生的热量使熔体熔断,断开电路的一种电器,如图0-3所示。熔断器广泛应用于高低压配电系统和控制系统以及用电设备中,作为短路和过电流的保护器,是应用最普遍的保护。

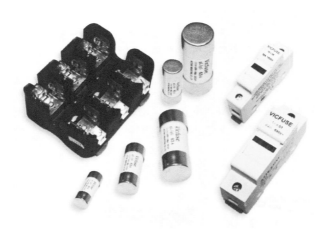

图0-3　熔断器

1. 型号及其含义

熔断器的型号及其含义如图0-4所示。

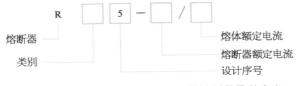

图0-4　熔断器的型号及其含义

2. 结构及工作原理

熔断器是一种过电流保护电器。熔断器主要由熔体和熔管两个部分及外加填料等组成。使用时,将熔断器串联于被保护电路中,当被保护电路的电流超过规定值,并经过一定时间后,由熔体自身产生的热量熔断熔体,使电路断开,起到保护的作用。当过载或短路电流通过熔体时,熔体自身将发热而熔断,从而对电力系统、各种电工设备及家用电器起到保护作用。具有反时延特性,当过载电流小时,熔断时间长,当过载电流大时,熔断时间短。

3. 符号

熔断器的符号如图0-5所示。

FU

图0-5 熔断器的符号

4. 选型注意事项

(1)照明电路选用熔断器额定电流≥被保护电路上所有照明电器工作电流之和。

(2)电动机电路选用。

① 单台直接启动电动机熔断器额定电流=(1.5~2.5)×电动机额定电流。

② 多台直接启动电动机保护熔断器额定电流=(1.5~2.5)最大电动机额定电流+其余各台电动机电流之和。

③ 降压启动电动机熔断器额定电流=(1.5~2)×电动机额定电流。

(3)配电变压器低压侧熔断器额定电流=(1.0~1.5)×变压器低压侧额定电流。

(4)并联电容器组熔断器额定电流=(1.43~1.55)×电容器组额定电流。

(5)电焊机熔断器额定电流=(1.5~2.5)×负荷电流。

(6)电子整流元件熔断器额定电流≥1.57×整流元件额定电流。

(7)所用熔断器的额定电压要大于所在电路的电压。

三、接触器

接触器分为交流接触器(电压AC)和直流接触器(电压DC),它应用于电力、配电与用电场合,如图0-6所示。接触器广义上是指工业电中利用线圈流过电流产生磁场,使触头闭合,以达到控制负载的电器。

图0-6 接触器

1. 型号及其含义

接触器的型号及其含义如图0-7和表0-3所示。

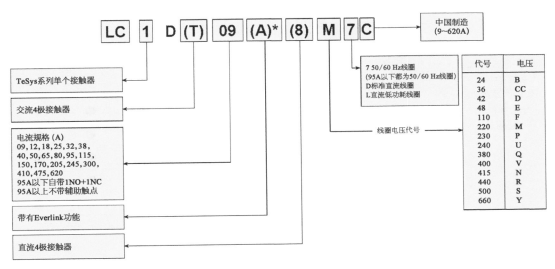

图 0-7　接触器的型号及其含义

（TeSys 系列接触器与 TeSys 系列热继电器可以直接插装，但与其他系列热继电器
不可以直接插装。仅 40～65 A 接供 Everlink 功能）

表 0-3　接触器的型号及其含义

应　　用		各种类型的控制系统					
额定工作电流	le max AC-3 $(U_e \leqslant 440\ V)$	9 A	12 A	18 A	25 A	32 A	38 A
	le AC-1 $(\theta \leqslant 60\ ℃)$	20/25 A	20/25 A	25/32 A	25/40 A	50 A	50 A
额定工作电压		690 V					
极数		3 或 4	3 或 4	3 或 4	3 或 4	3	3
额定工作功率（AC-3 类）	220/240 V	2.2 kW	3 kW	4 kW	5.5 kW	7.5 kW	9 kW
	380/400 V	4 kW	5.5 kW	7.5 kW	11 kW	15 kW	18.5 kW
	415/440 V	4 kW	5.5 kW	9 kW	11 kW	15 kW	18.5 kW
	500 V	5.5 kW	7.5 kW	10 kW	15 kW	18.5 kW	18.5 kW
	660/690 V	5.5 kW	7.5 kW	10 kW	15 kW	18.5 kW	18.5 kW
	1 000 V						
辅助触点		接触器内置一个常闭和一个常开瞬动辅助触点，可添加全系列的通用附加模块，最多构成 4 个 N/C					

（续表）

适用手动-过载继电	10A 等级	0.10～10 A	0.10～13 A	0.10～18 A	0.10～32 A	0.10～38 A	0.10～38 A
浪涌抑制模块（直流和低功耗接触器标准内置有浪涌抑制模块）	变阻器	●	●	●	●	●	●
	二极管	—	—	—	—	—	—
	RC 电路	●	●	●	●	●	●
	峰值双向限流二极管	●	●	●	●	●	●
接　口	继电器	●	●	●	●	●	●
	继电器＋过载功能	●	●	●	●	●	●
	固态继电器	●	●	●	●	●	●

注："●"表示有,"—"表示无。

2. 结构及工作原理

当接触器线圈通电后,线圈电流会产生磁场,产生的磁场使静铁心产生电磁吸力吸引动铁心,并带动交流接触器动作,常闭触点断开,常开触点闭合,两者是联动的。当线圈断电时,电磁吸力消失,衔铁在释放弹簧的作用下释放,使触点复原,常开触点断开,常闭触点闭合。接触器利用主接点来控制电路,用辅助接点来导通控制回路。主接点一般是常开接点,而辅助接点常有两对常开接点和常闭接点,小型的接触器也经常作为中间继电器配合主电路使用。

3. 符号

接触器的符号如图 0-8 所示。

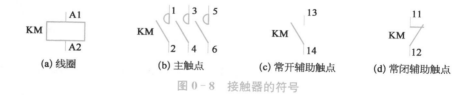

KM ─ A1 A2	KM ⌇1 ⌇3 ⌇5 ⌇2 ⌇4 ⌇6	KM 13 14	KM 11 12
(a) 线圈	(b) 主触点	(c) 常开辅助触点	(d) 常闭辅助触点

图 0-8　接触器的符号

4. 选型注意事项

（1）选择接触器的类型,根据电路中负载电流的种类选择。交流负载应选用交流接触器,直流负载应选用直流接触器,如果控制系统中主要是交流负载,直流电动机或直流负载的容量较小,也可都选用交流接触器来控制,但触点的额定电流应选得大一些。

（2）选择接触器主触点的额定电压,应等于或大于负载的额定电压。

（3）选择接触器主触点的额定电流,被选用接触器主触点的额定电流应不小于负载电路的额定电流。也可根据所控制的电动机最大功率进行选择。如果接触器是用来控制电动机的频繁启动、正反或反接制动等场合,应将接触器的主触点额定电流降低使用,一般可降低一个等级。

（4）根据控制电路要求确定吸引线圈工作电压和辅助触点容量。如果控制线路比较简单,所用接触器的数量较少,则交流接触器线圈的额定电压一般直接选用 380 V 或 220 V。如果控制线路比较复杂,使用的电器又比较多,为了安全起见,线圈的额定电压可选低一些。

四、电动机

电动机是把电能转换成机械能的一种设备,如图0-9所示。它是利用通电线圈(也就是定子绕组)产生旋转磁场并作用于转子(如鼠笼式闭合铝框)形成磁电动力旋转扭矩。电动机按使用电源不同分为直流电动机和交流电动机,电力系统中的电动机大部分是交流电动机,可以是同步电动机或者是异步电动机(电动机定子磁场转速与转子旋转转速不保持同步速)。电动机主要由定子与转子组成,通电导线在磁场中受力运动的方向跟电流方向和磁感线(磁场方向)方向有关。

图0-9 电动机

1. 异步电动机的型号及其含义

异步电动机的型号及其含义如图0-10所示。

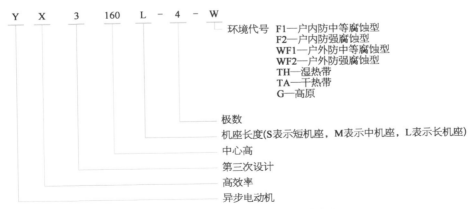

图0-10 异步电动机的型号及其含义

2. 异步鼠笼式电动机的结构

异步鼠笼式电动机的结构如图0-11所示。

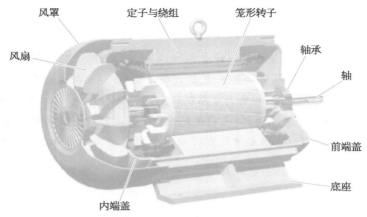

图 0-11　异步鼠笼式电动机的结构

3. 符号

电动机的符号如图 0-12 所示。

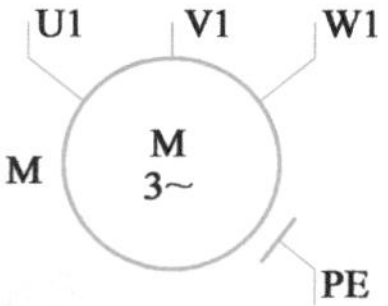

图 0-12　电动机的符号

五、漏电保护测试仪

漏电保护器测试仪主要用于测试漏电保护器的漏电动作电流、漏电不动作电流，以及漏电动作时间。该测试仪为手持式，体积小、重量轻、便于携带，是各种漏电保护器现场或室内检测的最佳测试仪表。

漏电保护测试仪供电方式有被测电路供电和干电池供电。

漏电保护测试仪是工程质量监督站和建筑公司必备的检测仪器，可以测量漏电开关的动作时间与动作电流。本系列的器具有×1/2、×1、×2、×5 额定动作电流倍数设定，可用于检测漏电保护开关在不同情况下动作时间的反应速度。广泛用于电力行业的低压配电网及各企事业单位的低压配电网。

1. 结构

漏电保护测试仪的结构如图 0-13 所示。

图 0-13　漏电保护测试仪的结构

2. 特点

(1) 该仪器仅适用于单相230 V/50 Hz(电源电压范围195～253 V)的线路使用(三相只能单相进行测试)。

(2) 采用智能微处理器芯片控制,具有高精度、高可靠性和高稳定性。

(3) 接线检查。三个 LED 指示灯指示是否正确。

(4) 相位角度选择。测试可选择从正的(0°)或从负的(180°)半周期测试。

(5) 超量程有"OL"显示。当测试跳闸动作时间超过最大测试时间时 LCD 将显示"OL ms"。

(6) 自动数据保持。测试完成后在一定时间内保持显示的测量结果。

(7) AUTO RAMP 测试。可同时测试跳闸动作电流和动作时间。

(8) 关机报警提示功能。操作 3 min 后,仪器会发出关机蜂鸣报警提示。

(9) 节能环保。不用使用电池供电,直接由待测线路(电源 230 V/50 Hz)供给。

(10) FUSE 安全保护。

(11) 双重绝缘或强化绝缘安全构造。

3. 规格

漏电测试保护仪 UT581/582 参数性能对比见表 0-4。

表 0-4　漏电测试保护仪 UT581/582 参数性能对比

基　本　功　能				基　本　精　度	
故障状态设定	额定动作电流		故障动作时间	型号 UT581	型号 UT582
RCD 测量	×1/2	10 mA/20 mA/30 mA/100 mA/300 mA/500 mA	1 000 ms	✓	✓
	×1	10 mA/20 mA/30 mA/100 mA/300 mA/500 mA	300 ms	✓	✓
	×5	10 mA/20 mA/30 mA	300 ms	✓	✓
	250 mA	250 mA	40 ms	✓	✓
	AUTO RAMP	10 mA/20 mA/30 mA/100 mA/300 mA/500 mA	300 ms		✓
	动作电流精度			±(2%+8)	±(2%+8)
	动作时间精度			±(0.6%+4)	±(0.6%+4)
	动作时间分辨率	1 ms		✓	✓
	工作电压(频率)	195～253 V(50 Hz)		✓	✓
特　殊　功　能					
最大显示				1 000	1 000

（续表）

数字保持		✓	✓
相位切换	0°～180°	✓	✓
接线检查	根据指示灯状态	✓	✓
AUTO RAMP 功能	同时测试故障动作和动作电流		✓
掉电自动识别		✓	✓
过量程显示	OL	✓	✓
FUSE 保护		✓	✓
误操作提示报警		✓	✓
关机提示报警		✓	✓
一　般　特　性			
电源	无需电池，直接由待测线路（电源 230 V/50 Hz）供给		
LCD 尺寸	71 mm×34 mm		
机身重量	400 g		
机身尺寸	160 mm×100 mm×71 mm		
标准包装	彩盒、说明书、保修卡		
标准包装箱毛重	14 kg		

4. 使用注意事项

（1）"测试线 L"和"测试线 N"一定不能接错，红色表笔对应 L 接 200 V（火线），黑色表笔对应 N 接地桩，有时接地桩松动（接地不良）也会造成测试失败，请注意辨别。

（2）打开"开/关"按钮时，如发现指示灯较暗、液晶屏无显示，可能是电池不足引起的，可在该仪表反面用十字改锥卸下电池后盖，更换相同型号的电池（6 V 电池）。

（3）在使用、携带过程中，应轻拿轻放，不受强烈的颠簸、振动、摔撞，并应防止化学反应物的侵蚀。

六、热继电器

1. 型号及其含义

热继电器的型号及其含义如图 0-14 所示。

2. 选型注意事项

热继电器的选择，主要以电动机的额定电流为依据，同时也要考虑到电动机的负载、动作特性和工作环境等因素。具体选择热继电器时应考虑以下几点：

（1）原则上热继电器额定电流按照电动机的额定电流的 90%～110%选择，并要校验动

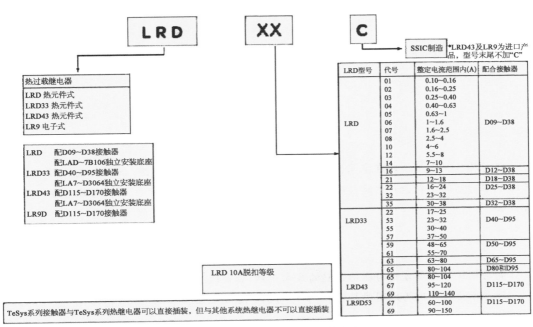

图 0－14　热继电器的型号及其含义

作特性。但是要注意电动机的绝缘材料等级,因为不同的绝缘材料有不同的允许温度和过载能力。

（2）要保证热继电器在电动机的正常启动过程中不致误动作。如果电动机启动不频繁,且启动时间又不长,一般可按电动机的额定电流选择热继电器,按照启动时间长短确定CLASS 10/20 的等级（IEC947－4－1标准指定:在当前电流为整定电流的 7.2 倍时 CLASS 10 级的动作时间为 4～10 s,CLASS 20 级的动作时间为 6～20 s）;如果启动时间超长,则不宜采用热继电器,应选用电子过流继电器产品。

（3）由于热继电器有热惯性,不能做短路保护,应考虑与断路器或熔断器的短路保护配合问题。

（4）要注意电动机的工作制。如果操作频率高,则不宜采用热继电器保护,而要采取其他保护措施,例如在电动机中预埋热电阻/电偶测温做温度保护。

（5）注意热继电器的正常工作温度,热继电器的正常工作范围是－15～55℃。超过范围后,环境温度补偿失效,有可能存在热继电器误动作或不动作问题。

（6）热继电器安装时端子接线要牢靠,导线截面的选型要在电流范围内。否则导致的温升会抬高双金属片温度,造成误动作。

信息页二　　电动伸缩门开闭控制线路

一、电动机的转速

将对称三相电流通入在空间彼此相差 $120°$ 的星形连接的三线圈,根据电流的磁效应,在三相绕组的空间上就会产生旋转磁场。旋转磁场的速度为 n_0,n_0 与 f 以及磁极对数 p 有关,公式如下:

$$n_0 = \frac{60f}{p}(\mathrm{r/min})$$

电动机转子转动方向与磁场旋转的方向一致,但是速度小于旋转磁场的速度。

转差率为旋转磁场的同步转速 n_0 和电动机转速 n 之差:

$$s = \left(\frac{n_0 - n}{n_0}\right) \times 100\%,一般为 1\% \sim 6\%$$

二、行程开关

行程开关是位置开关(又称限位开关)的一种,是一种常用的小电流主器,如图 0-15 所示。利用机械运动部件的碰撞使其触点动作来实现接通或分断控制电路,达到一定的控制目的。通常这类开关被用来限制机械运动的位置或行程,使运动机械按一定位置或行程自动停止、反向运动、变速运动或自动往返运动等。

图 0-15　行程开关

1. 型号及其含义

行程开关 Osiconcept 的型号及其含义见表 0-5。

表 0-5　行程开关 Osiconcept 的型号及其含义

型　　号	XCM D	XCK D	XCK P	XCK T
形　　式	小型 Osiconcept	紧凑型 Osiconcept		
外　　壳	金　属	塑料,双绝缘		
特　　性	本体或者头部固定			
Osiconcept 模块化	头部、本体和连接部件模块化			头部和本体模块化
CENELEC 标准符合性		EN50047	EN50047	EN50047 兼容
本体尺寸 $W \times H \times D$(mm)	$30 \times 50 \times 16$	$31 \times 65 \times 30$	$31 \times 65 \times 30$	$58 \times 51 \times 30$
操作头	线性运动(直杆);转动(摇杆);转动;万向;XCM D、XCK D、XCK P、XCK T 四系列相同的操作头			
触点模块　2 对带肯定断开速动触点或 1C/O 触点	N/C+N/O;N/C+N/C			N/C+N/O
3 对带肯定断开功能的速动触点	N/C+N/C+N/O	N/C+N/C+N/O; N/C+N/O+N/O		
4 对带肯定断开功能的速动触点	N/C+N/O+N/O+N/O			
2 对带肯定断开功能的慢动触点	N/C+N/O 先断后合	N/C+N/O 先断后合;N/O+N/C 先合后断;N/C+N/C 同步		
2 对慢动触点		N/O+N/O 同步		
3 对带肯定断开功能的慢动触点	N/C+N/C+N/O 先断后合	N/C+N/C+N/O 先断后合;N/C+N/O+N/O 先断后合		
防护等级 IP/IK	IP66、IP67、IP68、IK06	IP66、IP67、IK06	IP66、IP67、IK04	IP66、IP67、IK04

2. 结构及工作原理

(1) 速动触点(图 0-16)。

① 速动触点具有不同的触发和复位点(行程差)。

② 触点的运动速度与操作速度无关。

③ 这个特性确保低速操动应用时的电性能。

(2) 慢动触点(图 0-17)。

① 慢动触点的特性为相同的触发和复位点。

② 触点的运动速度与操作器的速度(不小于 0.1 m/s=6 m/min)相等或成正比。

③ 断开距离也取决于操作头移动距离。

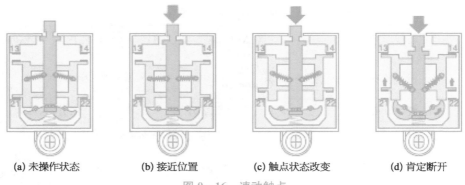

(a) 未操作状态　　　(b) 接近位置　　　(c) 触点状态改变　　　(d) 肯定断开

图 0 - 16　速动触点

行程开关是一种根据运动部件的行程位置而切换电路的电器,因为将行程开关安装在预先安排的位置,当机械运动部件上的模块撞击行程开关时,行程开关的触点动作,实现电路的切换。

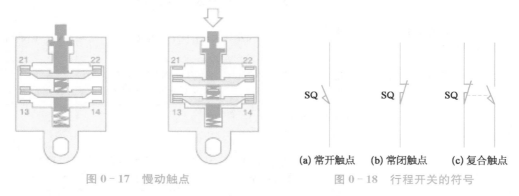

图 0 - 17　慢动触点

(a) 常开触点　　　(b) 常闭触点　　　(c) 复合触点

图 0 - 18　行程开关的符号

3. 符号

行程开关的符号如图 0 - 18 所示。

4. 选型注意事项

行程开关选用时,主要考虑动作要求、安装位置及触头数量,具体如下:

(1) 根据使用场合及控制对象选择种类。

(2) 根据安装环境选择防护形式。

(3) 根据控制回路的额定电压和额定电流选择系列。

(4) 根据行程开关的传力与位移关系选择合理的操作头形式。

三、变压器

变压器是变换交流电压、电流和阻抗的器件,当初级线圈中通有交流电流时,铁心(或磁心)中便产生交流磁通,使次级线圈中感应出电压(或电流)。变压器由铁心(或磁心)和线圈组成,线圈有两个或两个以上的绕组,其中接电源的绕组叫初级线圈,其余的绕组叫次级线圈。在发电机中,不管是线圈运动通过磁场或磁场运动通过固定线圈,均能在线圈中感应电势。此两种情况,磁通的值均不变,但与线圈相交链的磁通数量却有变动,这是互感应的原理。变压器就是一种利用电磁互感效应,变换电压、电流和阻抗的器件。

1. 符号

变压器的符号如图 0-19 所示。

2. 结构及工作原理

变压器是一种静止的电气设备。它是根据电磁感应的原理将某一等级的交流电压和电流转换成同频率的另一等级电压和电流的设备。作用是变换交流电压、交换交流电流和变换阻抗。

图 0-19 变压器的符号

变压器主要应用电磁感应原理来工作。具体是:当变压器一次侧施加交流电压 U_1,流过一次绕组的电流为 I_1,则该电流在铁心中会产生交变磁通,使一次绕组和二次绕组发生电磁联系,根据电磁感应原理,交变磁通穿过这两个绕组就会感应出电动势,其大小与绕组匝数以及主磁通的最大值成正比,绕组匝数多的一侧电压高,绕组匝数少的一侧电压低,当变压器二次侧开路,即变压器空载时,一二次端电压与一二次绕组匝数成正比,即 $U_1/U_2 = N_1/N_2$,但初级与次级频率保持一致,从而实现电压的变化。

四、控制回路互锁

互锁是几个回路间利用某一回路的辅助触点去控制对方的线圈回路,进行状态保持或功能限制。互锁是指在正反转控制电路中,防止同时启动造成电路短路,而用一条控制线路中的继电器的常闭触点串联在另一条控制线路中,当这条控制线路接通时自动切断另一条控制线路,从而避免短路事故的发生。

五、三相交流电动机正反转原理

三相电动机原理表明,转子旋转方向与定子旋转磁场方向一致。而定子旋转磁场的方向决定于三相交流电的相序顺序,也就说,通入电动机定子绕组的三相交流电顺序决定了转子的旋转方向。组成三相交流电的三个交流电频率相同、幅值相同,相位彼此相差 120°,顺序依次是 L1、L2、L3,由左向右排列。如果按照此顺序接入电动机,定子绕组产生正向旋转磁场,电动机正转;如果任意交换两相,定子旋转磁场将会反转,从而带动转子反转。

信息页三 大功率风机控制线路的装调

一、时间继电器

1. 型号及其含义

时间继电器的型号及其含义如图 0-20 和表 0-6 所示。

```
JS Z 3 □-□
              延时范围代号(适用于多挡式)用A、B、C、D、E、F、G表示
              A: 基型(通电延时、多挡式)
              C: 瞬动型(通电延时、多挡式)
              F: 断电延时型
              Y: 星三角启动延时型(通电延时)
              K: 信号断开延时
              R: 往复循环延时型(通电延时)

              设计序号
              综合式
              时间继电器
```

图 0-20 时间继电器的型号及其含义

表 0-6 时间继电器的型号及其含义

型 号	JSZ3A	JSZ3C	JSZ3F	JSZ3K	JSZ3Y	JSZ3R
工作方式	通电延时	通电延时带瞬动触点	断电延时	信号断开延时	星三角启动延时	往复循环延时
延时范围	A: 0.05~0.5 s/5 s/30 s/3 min B: 0.1~1 s/10 s/60 s/6 min C: 0.5~5 s/50 s/5 min/30 min D: 1~10 s/100 s/10 min/60 min E: 5~60 s/10 min/60 min/6 h F: 0.25~2 min/20 min/2 h/12 h G: 0.5~4 min/40 min/4 h/24 h		0.1~1 s 0.5~5 s 1~10 s 2.5~30 s 5~60 s 10~120 s 15~180 s	0.1~1 s 0.5~5 s 1~10 s 2.5~30 s 5~60 s 10~120 s 15~180 s	0.1~1 s 0.5~5 s 1~10 s 2.5~30 s 5~60 s 10~120 s 15~180 s	0.5~6 s/60 s 1~10 s/10 min 2.5~30 s/30 min 5~60 s/60 min
设定方式: 电位器						
工作电压	AC50 Hz, 36 V, 110 V 127 V, 220 V, 380 V DC24 V		AC50 Hz, 36 V 110 V, 127 V 220 V, 380 V, DC24 V	AC50 Hz, 110 V, 220 V, 380 V, DC24 V	AC50 Hz, 110 V, 220 V, 380 V, DC24 V	AC50 Hz, 110 V, 220 V, 380 V, DC24 V
延时精度	≤10%		≤10%	≤10%	≤10%	≤10%
触点数量	延时2转换, 延时1转换, 瞬时1转换		延时1转换或 延时2转换	延时1转换	延时星 三角1转换	延时1转换
触点容量	U_e/I_e: AC-15 220 V/0.75 A, 380 V/0.47 A; DC-13 220 V/0.27 A I_{th}: 5 A					
电寿命	1×10^5					
机械寿命	1×10^6					
环境温度	-5~40℃					
安装方式	面板式、装置式、导轨式					
配用底座	面板式: FM8858、CZSO8S 装置式(导轨式): CZS08X-E					

2. 符号及其含义

时间继电器的符号及其含义如图0-21所示。

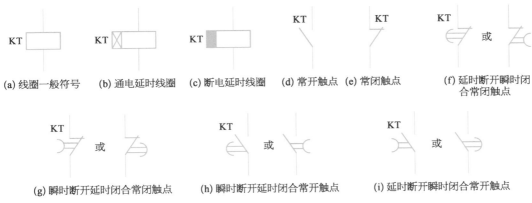

(a) 线圈一般符号   (b) 通电延时线圈   (c) 断电延时线圈   (d) 常开触点   (e) 常闭触点   (f) 延时断开瞬时闭合常闭触点

(g) 瞬时断开延时闭合常闭触点   (h) 瞬时断开延时闭合常开触点   (i) 延时断开瞬时闭合常开触点

图0-21 时间继电器的符号及其含义

二、电动机断路器

1. 型号及其含义

电动机断路器的型号及其含义如图0-22和表0-7所示。

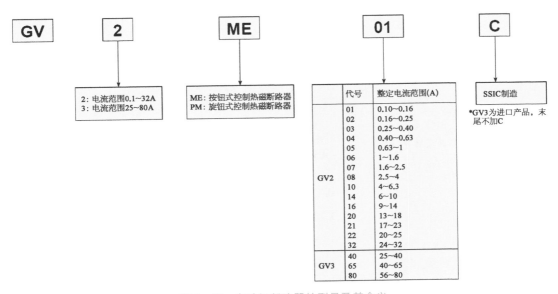

代号	整定电流范围(A)
01	0.10~0.16
02	0.16~0.25
03	0.25~0.40
04	0.40~0.63
05	0.63~1
06	1~1.6
07	1.6~2.5
08	2.5~4
10	4~6.3
14	6~10
16	9~14
20	13~18
21	17~23
22	20~25
32	24~32
40	25~40
65	40~65
80	56~80

图0-22 电动机断路器的型号及其含义

2. 电动机断路器与辅助触点的使用

电动机断路器与辅助触点的使用如图0-23所示。

表 0-7　电动机断路器的型号及其含义

GV2ME 电动机断路器带热磁保护								
按钮控制 50/60 Hz，AC-3 类 三相电动机标准额定功率(kW)				热脱扣 设定范围(A)	磁脱扣 电流 $I_d \pm 20\%$ (A)	带外壳时 电流 I_{th}(A)	型号 (按钮控制)	重量 (kg)
230 V	400 V	415 V	440 V					
				0.1～0.16	1.5	0.16	GV2ME01C	0.260
				0.16～0.25	2.4	0.25	GV2ME02C	0.260
				0.25～0.40	5	0.40	GV2ME03C	0.260
				0.40～0.63	8	0.63	GV2ME04C	0.260
			0.37	0.63～1	13	1	GV2ME05C	0.260
	0.37		0.55	1～1.6	22.5	1.6	GV2ME06C	0.260
0.37	0.75	0.75	1.1	1.6～2.5	33.5	2.5	GV2ME07C	0.260
0.75	1.5	1.5	1.5	2.5～4	51	4	GV2ME08C	0.260
1.1	2.2	2.2	3	4～6.3	78	6.3	GV2ME10C	0.260
2.2	4	4	4	6～10	138	9	GV2ME14C	0.260
3	5.5	5.5	7.5	9～14	170	13	GV2ME16C	0.260
4	7.5	9	9	13～18	223	17	GV2ME20C	0.260
5.5	11	11	11	17～23	327	21	GV2ME21C	0.260
5.5	11	11	11	20～25	327	23	GV2ME22C	0.260
7.5	15	15	15	24～32	416	24	GV2ME32C	0.260

GV2PM 电动机断路器带热磁保护							
旋钮开关控制 50/60 Hz，AC-3 类 三相电动机标准额定功率(kW)				热脱扣 设定范围(A)	磁脱扣 电流 $I_d \pm 20\%$ (A)	型号 (旋钮控制)	重量 (kg)
230 V	400 V	415 V	440 V				
				0.1～0.16	1.2	GV2PM01C	0.260
				0.16～0.26	2.4	GV2PM02C	0.260
				0.25～0.40	5	GV2PM03C	0.260
				0.40～063	8	GV2PM04C	0.260
			0.37	0.63～1	13	GV2PM05C	0.260
	0.37		0.55	1～1.6	22.5	GV2PM06C	0.260
0.37	0.75	0.75	1.1	1.6～2.5	33.5	GV2PM07C	0.260
0.75	1.5	1.5	1.5	2.5～4	51	GV2PM08C	0.260

（续表）

GV2PM 电动机断路器带热磁保护							
旋钮开关控制 50/60 Hz，AC‑3 类 三相电动机标准额定功率（kW）				热脱扣 设定范围（A）	磁脱扣 电流 $I_d \pm 20\%$ （A）	型号 （旋钮控制）	重量 （kg）
230 V	400 V	415 V	440 V				
1.1	2.2	2.2	3	4～6.3	78	GV2PM10C	0.260
2.2	4	4	4	6～10	138	GV2PM14C	0.260
3	5.5	5.5	7.5	9～14	170	GV2PM16C	0.260
4	7.5	9	9	13～18	223	GV2PM20C	0.260
5.5	11	11	11	17～23	327	GV2PM21C	0.260
5.5	11	11	11	20～25	327	GV2PM22C	0.260
7.5	15	15	15	24～32	416	GV2PM32C	0.260

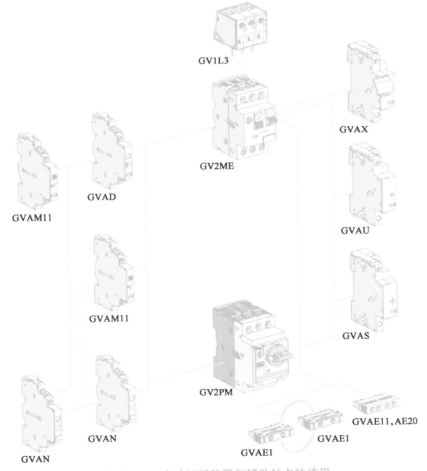

图 0 ‑ 23　电动机断路器与辅助触点的使用

三、降压启动

1. 直接启动的条件

判断一台电动机能否直接启动,还可以用下面的经验公式来确定:

$$\frac{I_{\text{st}}}{I_{\text{N}}} \leqslant \frac{3}{4} + \frac{S}{4P}$$

式中　I_{st}——电动机全压启动电流(A);

I_{N}——电动机额定电流(A);

S——电源变压器容量(kV·A);

P——电动机功率(kW)。

2. 降压启动的方法

常见降压启动方法有定子串电阻降压启动、电抗降压启动、Y-△降压启动控制线路、延边三角启动、软启动及自耦变压器降压启动。

(1) 串电阻(或电抗)降压启动(图0-24)。在三相定子电路中串接电阻(或电抗)来降低定子绕组上的电压,使电动机在降低了的电压下启动,以达到限制启动电流的目的。一旦电动机转速接近额定值时,切除串联电阻(或电抗),使电动机进入全电压正常运行。仅适用于要求启动平稳的中小容量电动机以及启动不频繁的场合,大容量电动机多采用串电抗降压启动。

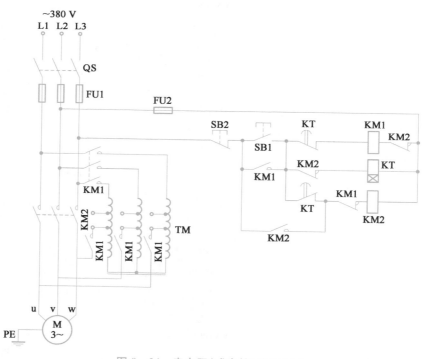

图 0-24　串电阻(或电抗)降压启动

(2) 串自耦变压器降压启动(图0-25)。限制电动机启动电流是依靠自耦变压器的降压作用来实现的。自耦变压器的初级和电源相接,自耦变压器的次级与电动机相连。电动机启动时,定子绕组得到的是电压自耦变压器的二次电压,一旦启动完毕,自耦变压器便被切除,电动机直接接至电源,即得到自耦变压器的一次电压,电动机进入全电压运行。常用于容量较大、正常运行为星形接法的电动机。

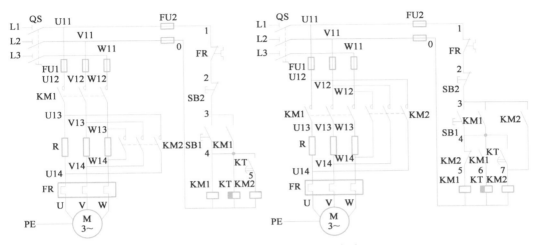

图 0 - 25　串自耦变压器降压启动

（3）Y-△降压启动（图 0 - 26）。启动时三相定子绕组接成星形,待转速接近稳定时改接成三角形。那么启动电压,电流都只有三角形连接时的 $1/\sqrt{3}$,由于三角形连接时绕组内的电流是线路电流的 $1/\sqrt{3}$,而星形连接时两者是相等的。因此接成星形启动时的线路电流只有接成三角形直接启动时线路电流的 1/3。由于启动转矩 $M_q \propto U_2$,M_q 也要降低到直接启动时的 1/3。只适用于空载或轻载启动。

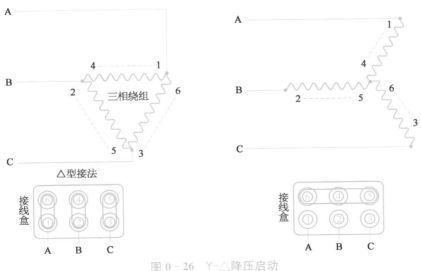

图 0 - 26　Y-△降压启动

3. Y-△降压启动适用条件

（1）当负载对电动机启动力矩无严格要求,又要限制电动机启动电流,且电动机满足接线为三角形时才能采用Y-△启动方法。

（2）电动机启动电流是全电压启动电流的1/3，但启动力矩也为全电压启动力矩的1/3。Y-△启动属于降压启动，它是以牺牲启动力矩为代价来换取降低启动电流来实现。不能一概而论以电动机功率大小来确定是否需采用Y-△启动，还得看是什么样的负载。

信息页四　自动开关门 PLC 控制系统的装调

一、PLC 的结构与组成

PLC 实质上是一种专用于工业控制的计算机，其硬件结构基本上与微型计算机相同。

中央处理单元(CPU)是 PLC 控制器的控制中枢。它按照 PLC 控制器系统程序赋予的功能接收并存储从编程器键入的用户程序和数据；检查电源、存储器、I/O 以及警戒定时器的状态，并能诊断用户程序中的语法错误。当 PLC 控制器投入运行时，首先它以扫描的方式接收现场各输入装置的状态和数据，并分别存入 I/O 映象区，然后从用户程序存储器中逐条读取用户程序，经过命令解释后按指令的规定执行逻辑或算数运算的结果送入 I/O 映象区或数据寄存器内。等所有的用户程序执行完毕之后，最后将 I/O 映象区的各输出状态或输出寄存器内的数据传送到相应的输出装置，如此循环运行，直到停止运行。PCL 的运行过程如图 0-27 所示。

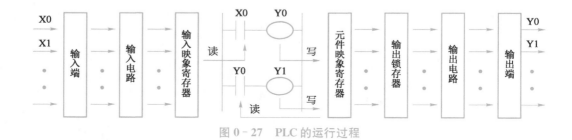

图 0-27　PLC 的运行过程

1. 存储器

存放系统软件的存储器称为系统程序存储器；存放应用软件的存储器称为用户程序存储器。

2. 电源

PLC 的电源在整个系统中起着十分重要的作用。如果没有一个良好的、可靠的电源系统是无法正常工作的，因此 PLC 的制造商对电源的设计和制造也十分重视。一般交流电压波动在 $\pm 10\%(\pm 15\%)$ 范围内，可以不采取其他措施而将 PLC 直接连接到交流电网上去。

3. 输入/输出回路

负责接收外部输入元件信号和负责接收外部输出元件信号（图 0-28）。

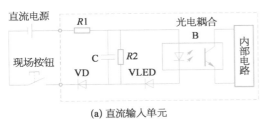 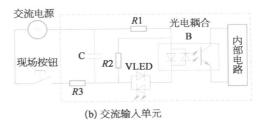

(a) 直流输入单元　　　　　　　　　　　　(b) 交流输入单元

图 0 - 28　输入单元

输出接口电路为带光电隔离器及滤波器,有多种输出方式:继电器输出、晶体管输出、晶闸管输出(图 0 - 29)。

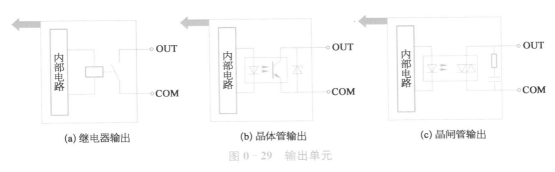

(a) 继电器输出　　　　　　　(b) 晶体管输出　　　　　　　(c) 晶闸管输出

图 0 - 29　输出单元

二、FX 系列 PLC 的型号

FX 系列 PLC 的型号表示如图 0 - 30 所示。

(1) 系列序号:0、2、ON、2C、2N、3U。

(2) I/O 点数:16~384 点。

(3) 单元类型:M——基本单元;E—— 输入输出混合扩展单元及扩展模块;EX—— 输入专用扩展模块;EY——输出专用扩展 模块。

特殊
输出
单元
I/O总点数
系列

(4) 输出形式:R——继电器输出; T——晶体管输出;S——晶闸管输出;驱动

图 0 - 30　FX 系列 PLC 的型号表示

非频繁动作的交/直流负载(继电器输出单元);驱动直流负载(晶体管输出单元);驱动频繁动作的交/直流负载(晶闸管输出单元)。

(5) 特殊品种:D——DC 电源;A1——AC 电源;H——大电流输出扩展模块;V——立式端子排的扩展模块;C——接插口输入输出方式;F——输入滤波器 1 ms 扩展模块;L——TTL 输入扩展模块;S——独立端子(无公共端)扩展模块;ES——晶体管输出(漏型)即 NPN,如 FX3U - 64MT/ES;ESS——晶体管输出(源型)即 PNP,如 FX3U - 64MT/ESS;DS——DC 电源型,晶体管输出(漏型),如 FX3U - 64MT/DS;DSS——DC 电源型,晶体管输出(源型),如 FX3U - 64MT/DSS。

三、梯形图语言

梯形图语言是 PLC 程序设计中最常用的编程语言。它是与继电器线路类似的一种编程语言。由于电气设计人员对继电器控制较为熟悉,因此梯形图编程语言得到了广泛的欢迎和应用。梯形图编程语言的特点是:与电气操作原理图相对应,具有直观性和对应性;与原有继电器控制相一致,电气设计人员易于掌握。梯形图编程语言与原有的继电器控制的不同点是,梯形图中的电流不是实际意义的电流,内部的继电器也不是实际存在的继电器,应用时需要与原有继电器控制的概念区别对待。

1. 梯形图

梯形图是通过连线把 PLC 指令的梯形图符号连接在一起的连通图,用以表达所使用的PLC 指令及其前后顺序,它与电气原理图很相似。它的连线有两种:一为母线,另一为内部横竖线。内部横竖线把一个个梯形图符号指令连成一个指令组,这个指令组一般总是从装载(LD)指令开始,必要时再继以若干个输入指令(含 LD 指令),以建立逻辑条件。最后为输出类指令,实现输出控制,或为数据控制、流程控制、通信处理、监控工作等指令,以进行相应的工作。母线是用来连接指令组的。图 0-31 是 FX2N 系列产品最简单的梯形图例。它有两组:第一组用以实现启动、停止控制;第二组仅一个 END 指令,用以结束程序。

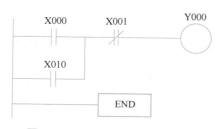

图 0-31　FX2N 系列产品最简单的梯形图例

2. 梯形图与助记符的对应关系

助记符指令与梯形图指令有严格的对应关系,而梯形图的连线又可把指令的顺序予以体现。一般来讲,其顺序为:先输入,后输出(含其他处理);先上,后下;先左,后右。有了梯形图就可将其翻译成助记符程序。图 0-31 的助记符程序为

地址	指令	变量
0000	LD	X000
0001	OR	X010
0002	AND NOT	X001
0003	OUT	Y000
0004	END	

反之根据助记符,也可画出与其对应的梯形图。

四、PLC 编程元件

1. 输入继电器(X)

PLC 的输入端子是从外部开关接收信号的窗口,PLC 内部与输入端子连接的输入继电器X 是用光电隔离的电子继电器,它们的编号与接线端子编号一致(按八进制输入),线圈的吸合或释放只取决于 PLC 外部触点的状态。内部有常开/常闭两种触点供编程时随时使用,且使用次数不限。输入电路的时间常数一般小于 10 ms。各基本单元都是八进制输入的地址,输

入为 X000~X007、X010~X017、X020~X027。它们一般位于机器的上端。

2. 输出继电器(Y)

PLC 的输出端子是向外部负载输出信号的窗口。输出继电器的线圈由程序控制,输出继电器的外部输出主触点接到 PLC 的输出端子上供外部负载使用,其余常开/常闭触点供内部程序使用。输出继电器的电子常开/常闭触点使用次数不限。输出电路的时间常数是固定的。各基本单元都是八进制输出,输出为 Y000~Y007、Y010~Y017、Y020~Y027。它们一般位于机器的下端。

3. 辅助继电器(M)

PLC 内有很多的辅助继电器,其线圈与输出继电器一样,由 PLC 内各软元件的触点驱动(图 0-32)。辅助继电器也称中间继电器,它没有向外的任何联系,只供内部编程使用。它的电子常开/常闭触点使用次数不受限制。但是这些触点不能直接驱动外部负载,外部负载的驱动必须通过输出继电器来实现。如图 0-32 中的 M300,它只起到一个自锁的功能。在 FX2N 中普遍采用 M0~M499,共 500 点辅助继电器,其地址号按十进制编号。辅助继电器中还有一些特殊

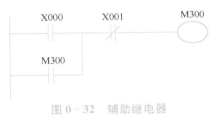

图 0-32　辅助继电器

的辅助继电器,如掉电继电器、保持继电器等,在这里就不一一介绍了。

4. 定时器(T)

在 PLC 内的定时器是根据时钟脉冲的累积形式,当所计时间达到设定值时,其输出触点动作,时钟脉冲有 1 ms、10 ms、100 ms。定时器可以用用户程序存储器内的常数 K 作为设定值,也可以用数据寄存器(D)的内容作为设定值。在后一种情况下,一般使用有掉电保护功能的数据寄存器。即使如此,若备用电池电压降低时,定时器或计数器往往会发生误动作。

定时器通道范围如下:

100 ms 定时器 T0~T199,共 200 点,设定值为 0.1~3 276.7 s。

10 ms 定时器 T200~T245,共 46 点,设定值为 0.01~327.67 s。

1 ms 积算定时器 T245~T249,共 4 点,设定值为 0.001~32.767 s。

100 ms 积算定时器 T250~T255,共 6 点,设定值为 0.1~3276.7 s。

定时器指令符号及应用如图 0-33 所示。

当定时器线圈 T200 的驱动输入 X000 接通时,T200 的当前值计数器对 10 ms 的时钟脉冲进行累积计数,当前值与设定值 K123 相等时,定时器的输出接点动作,即输出触点是在驱动线圈后的 1.23 s(10×123 ms=1.23 s)时才动作,当 T200 触点吸合后,Y000 就有输出。当驱动输入 X000 断开或发生停电时,定时器就复位,输出触点也复位。

每个定时器只有一个输入,它与常规定时器一样,线圈通电时,开始计时;断电时,自动复位,不保存中间数值。定时器有两个数据寄存器,一个为设定值寄存器,另一个是现时值寄存器,编程时由用户设定累积值。

如果是积算定时器,它的符号接线如图 0-34 所示。

定时器线圈 T250 的驱动输入 X001 接通时,T250 的当前值计数器对 100 ms 的时钟脉冲进行累积计数,当该值与设定值 K345 相等时,定时器的输出触点动作。在计数过程中,即使

输入 X001 在接通或复电时,计数继续进行,其累积时间为 34.5 s(100 ms×345＝34.5 s)时触点动作。当复位输入 X002 接通,定时器就复位,输出触点也复位。

图 0-33　定时器指令符号及应用　　　　图 0-34　积算定时器的符号接线

五、FX3U 系列的基本逻辑指令

基本逻辑指令是 PLC 中最基本的编程语言,掌握了它也就初步掌握了 PLC 的使用方法。各种型号的 PLC 的基本逻辑指令都大同小异,现在针对 FX3U 系列,逐条学习其指令的功能和使用方法。每条指令及其应用实例都以梯形图和语句表两种编程语言对照说明。

1. 输入输出指令(LD/LDI/OUT)

LD/LDI/OUT 三条指令的功能、梯形图表示形式、操作元件说明见表 0-8。

表 0-8　LD/LDI/OUT 的功能、梯形图及操作元件

符　号	功　能	梯形图表示	操作元件
LD(取)	常开触点与母线相连	┤├	X、Y、M、T、C、S
LDI(取反)	常闭触点与母线相连	┤/├	X、Y、M、T、C、S
OUT(输出)	线圈驱动	─○	Y、M、T、C、S、F

LD 与 LDI 指令用于与母线相连的接点,此外还可用于分支电路的起点。OUT 指令是线圈的驱动指令,可用于输出继电器、辅助继电器、定时器、计数器、状态寄存器等,但不能用于输入继电器。输出指令用于并行输出,能连续使用多次,如图 0-35 所示。

地　址	指　令	数　据
0000	LD	X000
0001	OUT	Y000

图 0-35　程序图例(一)

2. 触点串联指令(AND/ANDI)、并联指令(OR/ORI)

AND/ANDI 和 OR/ORI 的功能、梯形图及操作元件说明见表 0-9。

表 0 - 9　**AND/ANDI 和 OR/ORI 的功能、梯形图及操作元件**

符号（名称）	功　能	梯形图表示	操作元件
AND（与）	常开触点串联连接		X、Y、M、T、C、S
ANDI（与非）	常闭触点串联连接		X、Y、M、T、C、S
OR（或）	常开触点并联连接		X、Y、M、T、C、S
ORI（或非）	常闭触点并联连接		X、Y、M、T、C、S

　　AND、ANDI 指令用于一个触点的串联，但串联触点的数量不限，这两个指令可连续使用。OR、ORI 是用于一个触点的并联连接指令（图 0 - 36）。

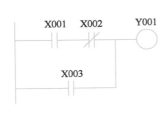

地　址	指　令	数　据
0002	LD	X001
0003	ANDI	X002
0004	OR	X003
0005	OUT	Y001

图 0 - 36　程序图例（二）

3. 电路块的并联和串联指令（ORB、ANB）

ORB 和 ANB 的功能、梯形图及操作元件说明见表 0 - 10。

表 0 - 10　**ORB、ANB 的功能、梯形图及操作元件**

符号（名称）	功　能	梯形图表示	操作元件
ORB（块或）	电路块并联连接		无
ANB（块与）	电路块串联连接		无

　　含有两个以上触点串联连接的电路称为"串联连接块"，串联电路块并联连接时，支路的起点以 LD 或 LDNOT 指令开始，而支路的终点要用 ORB 指令。ORB 指令是一种独立指令，其后不带操作元件号，因此 ORB 指令不表示触点，可以看成电路块之间的一段连接线。如需要将多个电路块并联连接，应在每个并联电路块之后使用一个 ORB 指令，用这种方法编程时并联电路块的个数没有限制；也可将所有要并联的电路块依次写出，然后在这些电路块的末尾集中写出 ORB 的指令，但这时 ORB 指令最多使用 7 次（图 0 - 37）。

　　将分支电路（并联电路块）与前面的电路串联连接时使用 ANB 指令，各并联电路块的起点使用 LD 或 LDNOT 指令；与 ORB 指令一样，ANB 指令也不带操作元件，如需要将多个电路块串联连接，应在每个串联电路块之后使用一个 ANB 指令，用这种方法编程时串联电路块的个数没有限制，若集中使用 ANB 指令，最多使用 7 次（图 0 - 37）。

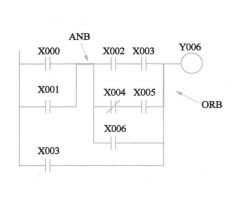

地　　址	指　　令	数　据
0000	LD	X000
0001	OR	X001
0002	LD	X002
0003	AND	X003
0004	LDI	X004
0005	AND	X005
0006	OR	X006
0007	ORB	
0008	ANB	
0009	OR	X003
0010	OUT	Y006

图 0 - 37　程序图例(三)

4. 程序结束指令(END)

END 的功能、梯形图及操作元件说明见表 0 - 11。

表 0 - 11　END 的功能、梯形图及操作元件

符号(名称)	功　能	梯形图表示	操作元件
END(结束)	程序结束	——[END]	无

在程序结束处写上 END 指令,PLC 只执行第一步至 END 之间的程序,并立即输出处理。若不写 END 指令,PLC 将以用户存储器的第一步执行到最后一步,因此使用 END 指令可缩短扫描周期。另外在调试程序时,可以将 END 指令插在各程序段之后,分段检查各程序段的动作,确认无误后,再依次删去插入的 END 指令。

六、GX Developer 编程仿真软件

使用时只要进入程序,在 Windows 下运行 GX,打开工程,选中创建新工程。出现如图 0 - 38 所示的对话框,先在 PLC 系列中选出所使用的程控器的 CPU 系列,如在试验中,选用的是 FX 系列,所以选 FXCPU,PLC 类型是指选机器的型号,试验用 FX3U 系列,所以选中 FX3U(C)。确定后出现如图 0 - 39 所示的界面,在画面上可以清楚地看到,最左边是根母线,上方有菜单,只要任意点击其中的元件,就可得到所要的线圈、触点等。

如要在某处输入 X000,只要把光标移动到所需要写的地方,然后在菜单上选中 ┤├ 触点,出现如图 0 - 40 所示的画面。

再输入 X000,即可完成写入 X000。

如要输入一个定时器,先选中线圈,再输入一些数据,数据的输入标准已提过,图 0 - 41 显示了其操作过程。

对于计数器,因为它有时要用到两个输入端,所以在操作上既要输入线圈部分,又要输入复位部分,其操作过程如图 0 - 42、图 0 - 43 所示。

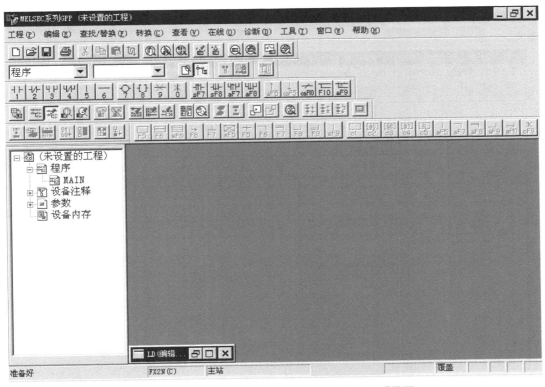

图 0-38 "创建新工程"对话框

图 0-39 "MELSEC 系列 GPP(未设置的工程)"界面

图 0-40　"输入标记"对话框(一)

图 0-41　"输入标记"对话框(二)

图 0-42　"输入标记"对话框(三)

注意：在图 0-42 中的箭头所示部分，它选中的是应用指令，而不是线圈。

图 0-43　"输入标记"对话框(四)

计数器的使用方法及计数范围已讲过，可自行查阅。图 0-44 是一个简单的计数器显示形式。

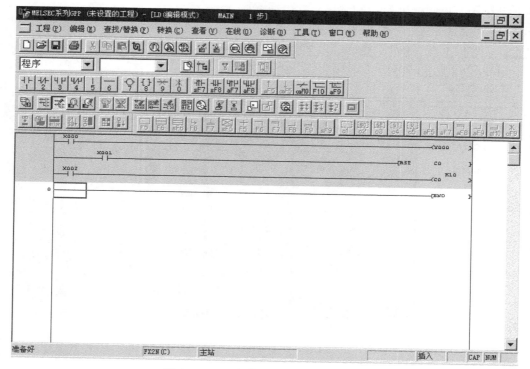

图 0-44　一个简单的计数器显示形式

　　当写完梯形图,最后写上 END 语句后,必须进行程序转换,转换功能键有两种,在图 0 - 45 的箭头所示位置。

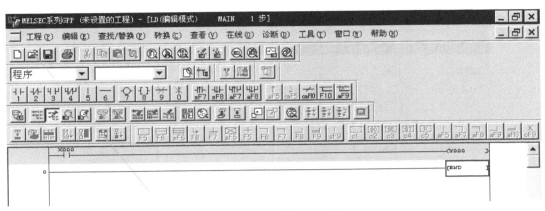

图 0 - 45　两种转换功能键

　　在程序的转换过程中,如果程序有错,它会显示,也可通过菜单"工具"查询程序的正确性。

　　只有当梯形图转换完毕后,才能进行程序的传送,传送前必须将 FX3U 面板上的开关拨向 STOP 状态,再打开"在线"菜单,进行传送设置,如图 0 - 46 所示。

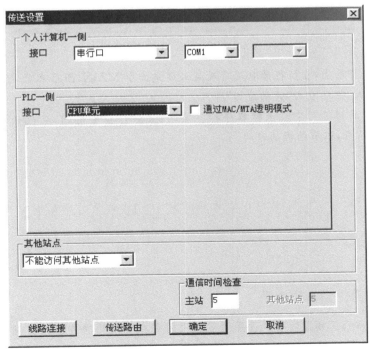

图 0 - 46　"传送设置"对话框

　　根据图示,必须确定 PLC 与计算机的连接是通过 COM1 口还是 COM2 口连接,在试验中已统一将 RS-232 线连在了计算机的 COM1 口,在操作上只要进行设置选择。

　　写完梯形图后,在菜单上还是选择"在线",选中"写入 PLC(W)",就出现如图 0-47 所示的对话框。

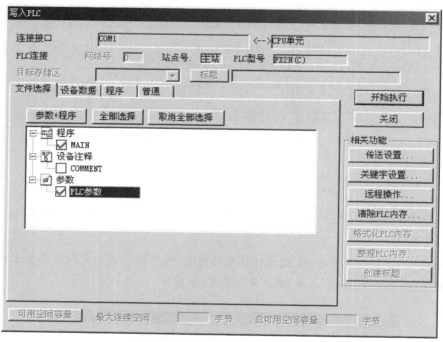

图 0-47 "写入 PLC"对话框

　　从图 0-47 可看出,在执行读取及写入前必须先选中 MAIN、PLC 参数,否则不能执行对程序的读取、写入,然后点击"开始执行"即可。

　　在图 0-47 的标签页中看选择程序标签页,设置程序步数范围,从起始步序 0 开始,以 END 步序号为结束,以节约调试时间。

信息页五　传送带多段速控制系统的装调

一、FR-E740 变频器设置

　　FR-E740 系列变频器的参数设置通常利用固定在其上的操作面板实现,使用操作面板可以进行运行方式与频率的设定、运行指令监视、参数设定、错误表示等。操作面板如图 0-48 所示,其上半部为面板显示器,下半部为 M 旋钮和各种按键。

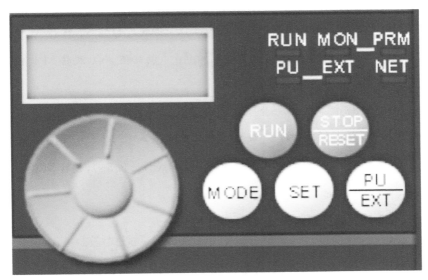

图 0 - 48　FR - E740 变频器操作面板

二、参数设定

1. 操作模式(Pr. 79)

当前为 PU 运行模式,变频器停止运行,按 键,进入参数设定模式 ,旋转 M 旋钮 选择 Pr. 79 参数 ,按 键显示当前设定值 ,旋转 M 旋钮 将参数值设定为 ,按 键完成参数设定 (也可以设定值为 0,在设置参数和外部运行模式切换时通过 键切换)。

2. 上限频率(Pr. 1)

按 键进入 PU 运行模式,按 键,进入参数设定模式 ,旋转 M 旋钮 选择 Pr. 1 参数 ,按 键显示当前设定值 (初始值 120 Hz),旋转 M 旋钮 将参数值设定为 ,按 键完成参数设定。

3. 下限频率(Pr. 2)

按 键进入 PU 运行模式,按 键,进入参数设定模式 ,旋转 M 旋钮 选择 Pr. 2 参数 ,按 键显示当前设定值 ,按 键完成参数设定。

4. 基底频率(Pr. 3)

按 键进入 PU 运行模式,按 键进入参数设定模式 ,旋转 M 旋钮 选择 Pr. 3 参数 ,按 键显示当前设定值 ,按 键完成参数设定。

5. 加速时间(Pr.7)

按 [PU/EXT] 键进入 PU 运行模式,按 [MODE] 键进入参数设定模式 ▢▢▢,旋转 M 旋钮 ⊙ 选择 Pr.7 参数 ▢▢▢,按 [SET] 键显示当前设定值 ▢▢▢(初始值 5 s),旋转 M 旋钮 ⊙ 将参数值设定为 ▢▢▢,按 [SET] 键完成参数设定。

6. 减速时间(Pr.8)

按 [PU/EXT] 键进入 PU 运行模式,按 [MODE] 键进入参数设定模式 ▢▢▢,旋转 M 旋钮 ⊙ 选择 Pr.8 参数 ▢▢▢,按 [SET] 键显示当前设定值 ▢▢▢(初始值 5 s),旋转 M 旋钮 ⊙ 将参数值设定为 ▢▢▢,按 [SET] 键完成参数设定。

7. 第一段速度设定 RH(Pr.4)

按 [PU/EXT] 键进入 PU 运行模式,按 [MODE] 键进入参数设定模式 ▢▢▢,旋转 M 旋钮 ⊙ 选择 Pr.4 参数 ▢▢▢,按 [SET] 键显示当前设定值 ▢▢▢,按 [SET] 键完成参数设定。

8. 第二段速度设定 RM(Pr.5)

按 [PU/EXT] 键进入 PU 运行模式,按 [MODE] 键进入参数设定模式 ▢▢▢,旋转 M 旋钮 ⊙ 选择 Pr.5 参数 ▢▢▢,按 [SET] 键显示当前设定值 ▢▢▢,按 [SET] 键完成参数设定。

9. 第三段速度设定 RL(Pr.6)

按 [PU/EXT] 键进入 PU 运行模式,按 [MODE] 键进入参数设定模式 ▢▢▢,旋转 M 旋钮 ⊙ 选择 Pr.6 参数 ▢▢▢,按 [SET] 键显示当前设定值 ▢▢▢,按 [SET] 键完成参数设定。

10. 第四段速度设定 RM、RL(Pr.24)

按 [PU/EXT] 键进入 PU 运行模式,按 [MODE] 键进入参数设定模式 ▢▢▢,旋转 M 旋钮 ⊙ 选择 Pr.24 参数 ▢▢▢,按 [SET] 键显示当前设定值 ▢▢▢,旋转 M 旋钮 ⊙ 将参数值设定为 ▢▢▢,按 [SET] 键完成参数设定。

11. 第五段速度设定 RH、RL(Pr.25)

按 [PU/EXT] 键进入 PU 运行模式,按 [MODE] 键进入参数设定模式 ▢▢▢,旋转 M 旋钮 ⊙ 选择 Pr.25 参数 ▢▢▢,按 [SET] 键显示当前设定值 ▢▢▢,旋转 M 旋钮 ⊙ 将参数值设定为 ▢▢▢,按 [SET] 键完成参数设定。

12. 第六段速度设定 RH、RM(Pr.26)

按 [PU/EXT] 键进入 PU 运行模式,按 [MODE] 键进入参数设定模式 ▢▢▢,旋转 M 旋钮 ⊙ 选择 Pr.26 参数 ▢▢▢,按 [SET] 键显示当前设定值 ▢▢▢,旋转 M 旋钮 ⊙ 将参数值设定为 ▢▢▢,按 [SET] 键完成参数设定。

13. 第七段速度设定 RH、RM、RL（Pr.27）

按 [PU/EXT] 键进入 PU 运行模式，按 [MODE] 键进入参数设定模式 ⌐88⌐，旋转 M 旋钮 ○ 选择 Pr.27 参数 ⌐8ʹ⌐，按 [SET] 键显示当前设定值 ⌐ʹʹʹ，旋转 M 旋钮 ○ 将参数值设定为 888ʹ，按 [SET] 键完成参数设定。

参考文献

［1］人力资源和社会保障教材办公室.照明线路安装与检修［M］.北京：中国劳动社会保障出版社,2010.

［2］人力资源和社会保障教材办公室.机床电气控制［M］.北京：中国劳动社会保障出版社,2010.

［3］赵承荻.电机与电气控制技术［M］.北京：高等教育出版社,2014.

［4］崔金华.电器及PLC控制技术与实训［M］.北京：机械工业出版社,2014.

［5］姚锦卫,李国瑞.电气控制技术项目教程［M］.北京：机械工业出版社,2014.

［6］人力资源和社会保障教材办公室.电工基础［M］.北京：中国劳动社会保障出版社,2010.

［7］人力资源和社会保障教材办公室.电子技术基础［M］.北京：中国劳动社会保障出版社,2010.

［8］人力资源和社会保障教材办公室.电工电子基本技能［M］.北京：中国劳动社会保障出版社,2010.

［9］人力资源和社会保障教材办公室.电机变压器设备安装与维护［M］.北京：中国劳动社会保障出版社,2010.

［10］人力资源和社会保障教材办公室.电气控制线路安装与检修［M］.北京：中国劳动社会保障出版社,2010.

［11］人力资源和社会保障教材办公室.PLC基础与实训［M］.北京：中国劳动社会保障出版社,2010.

［12］吕如良,沈汉昌,陆慧君,等.电工手册［M］.5版.上海：上海科学技术出版社,2014.